# 과학이 밝히는
# 범죄의
# 재구성

한국의 CSI 국과수 박사님의 범인 잡는 **과학 이야기**

과학이 밝히는

# 범죄의 재구성

| 박 기 원 지음 |

TOILET

접근금지
수사중

살림Friends

# 머 리 말

　2002년 말에 미국에서 우연히 워싱턴에 있는 스파이 박물관에 들어가 본 적이 있다. 그곳의 서점에서 과학수사와 관련하여 일반인이 읽을 수 있는 다양한 책을 접할 수 있었다. 뿐만 아니라 작은 서점 등에서도 쉽게 과학수사 관련 서적을 찾을 수 있었다. 일반인들이 과학수사에 대하여 많은 관심이 있다는 것은 매우 놀라운 일이었다. 또 한 번 놀란 것은 시카고의 노스웨스턴 대학에 있을 때였다. 필요한 시계 등을 사려고 잡다한 물건을 파는 상점에 들어갔는데, 거기서 우연히 청소년용 과학수사 키트를 발견하여 구입할 수 있었다. 키트 안에는 수사에 필요한 것(지문 채취 도구, 현미경, 나침반 등)이 다양하게 들어 있었는데, 교육용으로 만들어져 일반에게 판매하는 것이었다.

　우리나라의 과학수사는 이미 국제적으로 우수성을 인정받고 있다. 하지만 아직 전문가 또는 일반인들을 위한 변변한 교양서 하나 없으며, 더욱이 청소년을 대상으로 한 교양서는 전무한 상태다. 대부분의 사람들은 과학수사적 지식을 TV나 신문 등을 통해서 얻고 있다. 따라서 좀 더 정확한 지식을 전달하고 과학수사에 대한 이해를 돕기 위하여 이 책을 기획하였다.

이 책은 7개의 각각 다른 사건으로 구성되어 있다. 이들이 다양한 사건을 수사하는 과정을 설명하면서 사건을 해결하는 데 결정적이었던 과학수사 기법이 어떤 것이었으며, 이들의 과학적 원리 및 분석 방법은 무엇인지를 상세하게 소개하였다. 또한 앤과 큐 라고 하는 수사관들(국제적인 시각을 견지하기 위해서 이국적인 이름으로 지었다)이 수사를 하는 과정을 쫓아가면서 과학수사 방법을 체득할 수 있도록 하였다. 이 책에서 다루고 있는 사건들은 실제로 있었던 일을 위주로 선택함으로써 독자들이 더욱 실감 나고 현장성 있게 사건을 접할 수 있도록 노력하였다.

끝으로 이 책이 과학수사를 이해하는 데 있어서 편안하고 쉽게 읽혀질 수 있기를 바라며, 과학수사에 대한 이해가 확대되어 범죄 없는 사회가 하루 빨리 오기를 기원한다.

2008년 2월

박기원

# C.O.N.T.E.N.T.S

## CASE 1

## CASE 2

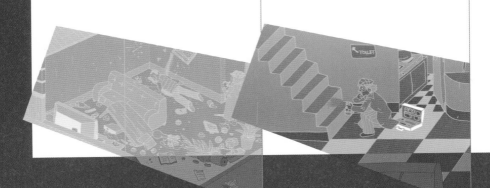

# C.O.N.T.E.N.T.S

**수사관 큐**
및
**수사관 앤**

**수사관 큐**

1. 키 175cm 정도의 호리호리한 체격.
2. 얼굴은 약간 마른 편. 동그란 눈과 큰 귀를 지녔다.

큐의 성격 : 매우 저돌적이고 적극적인 성격을 갖고 있음. 덤벙대기도 하지만 사건을 해결하려는 의지가 강하고 집요하게 물고 늘어지는 성격. 실수도 하지만 그래도 사건을 해결하는 데 있어서 없어서는 안 될 사람.

**수사관 앤**

1. 키 160 cm 정도의 약간 통통한 모습.
2. 무술 유단자로 전체적인 체격이 좋은 편.

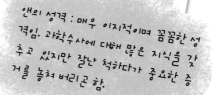

앤의 성격 : 매우 이지적이며 꼼꼼한 성격임. 과학수사에 대해 많은 지식을 갖추고 있지만 잘난 척하다가 중요한 증거를 놓쳐 버리고 함.

CASE *1*

## 사건 수사를 위해 발자국을 찾아라!

CASE 1 사건 수사를 위해 핏자국을 찾아라!

# 사건의 주요 내용 1

● 조용한 산 속의 별장에서 한 노인이 살해
된 채 발견되었다. 사건 현장에는 모든 집기가 복잡하게 흩어져 있었고, 당
시의 격렬함을 증명하듯 혈흔이 수없이 흩어져 있었다. 이 혈흔들이 지닌

의미는 무엇이며, 이 사건을 해결하는 데 어떠한 역할을 했을까? 또 그 속에 숨어 있는 과학적 원리는 무엇일까?

##  첫 번째 만난 사건 현장

사건이 발생한 장소는 서울 외곽의 어느 작은 마을. 마을에서도 좀 떨어져 있고, 노인 한 분이 지키고 있던 별장주택이었다. 사건 발생이 드러난 것은 어느 날 아침이었다. 노인의 아들이 안부 전화를 걸었으나 노인이 전화를 받지 않자 걱정스러운 마음에 부랴부랴 그곳에 찾아갔다가 사건 현장을 처음 발견한 것이다. 아들의 진술에 의하면 거실의 문이 열려 있어 들어갔더니 거실 내부는 완전히 아수라장이었고 피비린내가 진동했다고 한다. 아들은 쓰러져 있는 아버지를 흔들었지만 아무런 반응이 없었고 몸은 이미 싸늘하게 식은 상태여서 곧바로 경찰서에 사건을 신고했다.

수사관 큐와 앤이 신고를 받고 사건 현장에 출동했을 때는 오전 10시 정도였다. 사건은 한밤중에 일어난 듯했다. 인적이 드물고 마을에서도 꽤 떨어진 외진 곳이어서 간밤에 그곳에서 무슨 일이 일어났는지 마을 사람들은 짐작도 하지 못했다. 구급차가 출동하고 감식 요원들이 현장에 도착하고 나서야 몇몇 동네 사람들이 모여 현장 상황을 보며 수군거릴 뿐이었다.

사건 현장인 거실에는 각종 집안 집기가 당시 상황을 말해 주듯 어지럽게 흩어져 있었으며 거실 전체에 혈흔이 다량으로 흩뿌려져 있었다. 피살자는 소파 뒤편에 엎어진 채 숨겨 있었다.

사건 현장을 처음 접한 수사관 앤과 큐는 현장이 너무 복잡하고 목격자도 없는 것 같아 당황스럽기까지 했다. 의기양양하게 현장에 도착했지만 막상 현장을 보고 나니 내심 불안한 마음을 떨칠 수 없었다. 앤과 큐의 머릿속에는 어떻게 사건을 해결할 것인가에 대한 고민으로 가득했다.

"첫 번째로 맡은 사건인데 너무 부담이 되네. 열심히 훈련을 받았는데도 막상 현장에 와 보니 당황스럽기도 하고, 전혀 뭐가 뭔지를 모르겠어. 어디서부터 손을 대야 할지 막막하군."

큐가 한숨을 내쉬며 혼잣말하듯 중얼거렸다.

"실제로 이런 사건을 맡게 되니 정말 앞이 캄캄해. 어디에서부터 풀어 나가야 할지 모르겠어. 여러 사람의 조언을 듣고 시작해야 할 것 같아."

"앤, 일단 반장님한테 조언을 구해야겠어. 그리고 심각한 사건이니 시간이 걸리더라도 철저하게 현장을 감식해야 할 필요성이 있겠어."

"그래. 처음 맡은 사건이니 배우는 자세로 도움을 요청해 보자."

앤이 말했다.

큐가 강 반장에게 조언을 구하기 위해 전화를 했다.

"반장님, 오랫동안 수사관 훈련을 받고 자신 있게 현장에 왔는데 막상 현장에 오니 솔직히 당황스럽고, 무엇부터 해야 할지 모르겠습니다. 마을에서 떨어진 곳의 주택에서 살인 사건이 일어났는데 남자 노인 한 분이 여러 군데 둔기로 맞아 피를 많이 흘린 채 발견되었습니다. 다른 가족은 없던 것으로 보이고요, 아들은 아침에 아무리 전화를 해도 받지 않아 집에 왔더니 피살자는 이미 피투성이가 된 채 숨겨 있었다고 합니다. 사건은 거실에서 일어났고, 혈흔이 사방에 흩어져 있어 어떻게 해야 할지 모르겠습니다."

강 반장은 당연하다는 듯 큐에게 설명을 하기 시작했다.

"아무리 많은 훈련을 받았어도 실제 현장을 접하면 처음에 당황하는 것은 당연해요. 하지만 그럴수록 침착하게 처리해야 해요. 수사에서 실수는 절대로 용납이 안 돼요. 한 번의 실수가 사건을 뒤엉키게 만들 수도 있거든요. 같이 출동한 동료들과 잘 의논해서 차분하게 현장을 분석하도록 하세요."

"네, 알겠습니다. 그리고 반장님, 이런 현장에 접근할 때에는 어떤 점에 유의해야 하는지 말씀해 주셨으면 합니다."

"처음 사건 현장에 들어갈 땐 한 사람의 생명을 다시 살린다고 생각해야 합니다. 비록 이미 사망하긴 했지만 누가 어떻게, 왜 그런 범행을 저질렀는지를 밝혀 억울하게 죽은 피살자의 원한을 풀어 줘야 하지요.

사건의 현장은 모든 증거가 살아 있는 곳이에요. 무턱대고 들어가지 않고 조심스럽게 접근하려는 것을 보니 벌써 베테랑 수사관이 된 것 같군요. 처음부터 사건 현장에 잘못 접근하면 현장이 흐트러져서 사건 해결에 많은 영향을 줄 수가 있어요. 물론 그 전에도 현장은 철저하게 보존되어야 하겠지요.

처음 현장에 접근할 때는 여러 상황을 고려해서 신중하면서도 계획적으로 접근해야 해요. 이미 과거가 된 현장을 분석하여 사건 당시의 상황을 추정하는 것은 매우 어려운 일이지요. 하지만 무엇이든 증거가 될 수 있는 것은 하나라도 놓치지 않도록 하세요. 유능한 수사관은 사건을 해결하는 데 결정적인 단서가 될 수 있는 증거를 좀처럼 놓치지 않거든요.

그러니 우선은 현장 상황을 정확하게 파악해서 어떻게 접근할 것인지를 먼저 생각하고 철저하게 대비를 한 후 증거물들이 훼손되지 않도록 주의를 하며 접근하세요. 현장에는 사건을 해결할 수 있는 증거물이 반드시 존재한다는 신념을 항상 가지는 것도 잊지 말고요. 한번 훼손된 증거물은 다시는 원래 상태로 만들 수가 없고, 수사에 매우 나쁜 영향을 미칠 수 있으니 조심하세요.

사건 수사를 위해 발자국을 찾아라!

 하여튼 어렵겠지만 내가 옆에서 도움을 줄 테니까 범인을 잡는 데 최선을 다해 주세요. 내가 잘하는 사람들한테 잔소리가 길어진 모양이군요. 혹시 의문이 가는 것이 있으면 다시 문의하세요."

 강 반장은 처음 사건 현장을 접하는 두 탐정에게 이것저것 주의할 점을 자세하게 설명하였다.

 그러나 마음이 급한 큐는 서둘러 현장에 접근하였다.

 "큐, 또 서두르는구나. 벌써 잊었어? 반장님이 뭐라고 하셨어? 아무리 급해도 신중하게 계획을 세워서 현장에 들어가라고 하셨잖아!"

 서둘러 현장으로 들어가는 탐정 큐를 막으며 앤이 말했다.

 "참, 그렇지. 미안. 마음이 앞서다 보니……."

 "자, 그럼 들어가기 전에 현장 전체에 대한 내용을 파악하고 꼼꼼하게 기록해 보자."

 "사건 현장이 여러 생활 도구로 어지럽혀져 있고, 피살자의 시신도 아직 옮겨지지 않은 상황이야. 일단 신속하게 피살자 주변을 조사한 다음 시신을 옮겨야겠어."

## 사건 현장 접근

 "참, 사건 현장에 들어가기 전에 주의해야 할 사항은 잊지 않았지?"
 큐가 말했다.
 "자, 어디 보자……. 옷은 모두 일회용 가운으로 갈아입었고, 일회용 머리싸개, 일회용 덧신, 그리고 마스크와 일회용 장갑 등 모두 갖추었군."
 앤이 꼼꼼히 점검해 나갔다.

"**큐**, 내 복장도 좀 봐 줘."

"음, 완벽해."

**앤**과 **큐**는 서로의 복장을 점검하고 본격적인 현장 감식에 들어갔다. 현장 감식을 하기 전에 서로 복장을 점검해 주는 것도 만약의 실수를 예방하기 위해 중요한 일 중의 하나다. 이렇게 복장을 갖추는 것은 현장 증거물이 수사관들의 모발, 침, 땀, 세포 등에 오염될 수도 있기 때문이다. 사람의 몸은 60조 개나 되는 세포로 이루어져 있고, 항상 죽은 세포들이 몸에서 떨어져 나오기 때문에 자칫 잘못하면 증거가 오염될 수 있다. 모발, 침, 땀 등 역시 자신도 모르게 현장에 떨어질 수 있기 때문에 조심해야 한다. 또한 강력 사건의 현장에는 오염된 혈흔 및 인체분비물이 있을 수 있어 수사관에 의해 오염될 수도 있기 때문에 현장에 들어가기 전에는 반드시 규정된 복장을 착용해야 한다.

## 증거물을 과학적으로 감정하려면?

### 1. 현장 감식 시 착용 복장

사건 현장에 접근할 때에는 현장이 오염되거나 훼손되는 것을 막기 위하여 반드시 일회용 가운과 머리싸개, 일회용 덧신과 장갑, 마스크, 보호 안경 등을 착용해야 한다.

수사관 자신도 모르게 현장에 떨어뜨린 모발이나 말하는 중에 튄 타액, 땀, 지문은 증거물에 영향을 끼쳐 정확한 수사를 방해할 수 있기 때문이다. 또한 사건 현장의 혈액이 여러 질병의 원인이 되는 세균 및 바이러스 등에 오염되어 있을 경우에는 수사관이 감염될 수도 있다.

현장 감식 복장

세균과 바이러스 등은 자연 상태에서 긴 시간 동안 생존할 수 있다. 이들은 상처를 통해 직접 사람을 감염시킬 수도 있지만 혈흔이 마르면 미세화되어 공기 중에 존재하다가 호흡기를 통해 감염시키기도 한다. 때문에 마스크 등도 반드시 착용해야 한다.

### 2. 현장 감식 시 주의할 사항

1) 증거물의 오염 및 분실을 막기 위하여 일정한 복장을 갖춘 현장 감식 전문 요원 이외에는 출입을 금지한다.

2) 현장에서는 불필요한 행동(흡연, 음식을 먹는 행위 등)을 금한다.

앤과 큐의 손놀림이 빨라졌다.

"자, 그럼 우선 전체적인 사진부터 찍고 세부적인 사항으로 진행해 나가야겠어."

앤와 큐는 사건과 관련된 사항을 기록하는 것에 집중하기로 하였다. 현장에 있는 모든 것에 대해 사진을 찍거나 동영상으로 기록하고, 필요한 경우 스케치해 현장을 정확하게 기록하는 것이다.

"큐, 전체적인 사진을 여러 각도에서 촬영하고 피살자 주변도 자세하게 조사했으면 좋겠어."

앤의 말을 들은 큐는 시신이 있는 곳으로 접근하여 피살자 주변을 면밀하게 조사하였다.

"앤은 혈흔의 형태에 대해서 자세하게 기록해. 나는 시신의 주위를 집중적으로 볼게. 사건 현장의 혈흔은 사건의 진행 과정과 상황을 판단하는 데 매우 중요한 증거잖아."

"알았어."

앤이 대답했다.

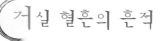

## 거실 혈흔의 흔적

　방 안의 혈흔 분석이 본격적으로 진행되었다. 우선 전체적인 혈흔의 분포 등에 대해서 분석을 하였다. 거실 전면에 걸쳐 혈흔이 수없이 있었던 것으로 보아 범인과 사망자 간에 심한 다툼이 있는 것으로 생각되었다. 앤은 꼼꼼한 성격답게 복잡하게 흩어져 있는 혈흔에 대해 정밀 감식을 진행했다. 큐가 중요한 것을 발견한 듯 앤을 불렀다.

　"앤, 시신의 이곳을 좀 더 가까이에서 자세하게 찍었으면 좋겠어."

　피살자의 얼굴에는 피가 많이 묻어 있었고, 그 사이로 흐른 혈흔 자국에 왜곡 현상이 일어나 있었다.

위치와 형태를 알 수 있다.

　2) 능동적인 흐름 : 살아 있을 때 흘린 피의 흐름.

　＊흐름의 예

　① 변사자 얼굴 위의 피 : 누운 상태에서 혈액이 코에서 위로 흘렀다면 시신의 위치 변화를 암시한다.

　② 자살을 위장한 경우 시신의 현 위치와 혈액이 흐른 방향이 다르다.

　③ 흐름 왜곡 : 혈액이 일정한 방향으로 흐른 것이 아니라 인위적인 것에 의해 왜곡이 일어난 경우에 생긴 혈흔으로 이는 시간적 간격을 두고 다른 행위가 있었음을 의미한다.

🔵 사진은 혈액 흐름의 왜곡
현상을 보여 주는 혈흔이다.
혈액이 흐르는 도중에 수동적 또는 능동적
인 움직임에 의해 왜곡이 일어난 것이다.

"여기 벽을 봐. 피가 쓸려 있잖아. 피살자는 이미 사망하기 이전에 많은 피를 흘린 것 같아. 이건 손에 피가 묻어 있었다는 증거인데, 넘어지면서 벽을 짚어 손에 있던 피가 벽에 묻은 거야."

앤이 벽을 가리키며 말했다.

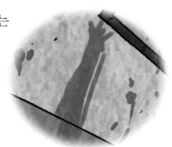

벽에 쓸려 있는 피

### 우리 몸 속의 혈액은 어떻게 구성돼 있을까?

혈액은 보통 사람의 경우 전체 몸무게의 8% 정도이며 남성은 5~6ℓ, 여성은 4~5ℓ를 차지한다. 백혈구, 적혈구, 혈소판, 혈청으로 구성되어 있다.

1㎖의 혈액에는 450만~500만 개의 적혈구와 5,000~9,000개의 백혈구가 존재한다. 전체 혈액양의 3분의 1이 체외로 나오면 생명이 위험해질 수 있고, 2분의 1 이상 소실되면 사망에 이른다. 출혈이 되면 먼저 혈관이 경직되고 혈액의 응고 및 건조 현상이 일어난다.

사망자 관찰이 모두 끝난 후 시신을 국립과학수사연구소로 옮겨 검시를 진행하기로 하였다. 검시는 김 수사관이 따라가 참관하기로 하고 앤과 큐는 현장의 피에 대한 정밀 분석을 하기로 했다.

"큐, 이것 좀 봐! 다른 혈흔하고 모양이 다르잖아."

앤이 시신 주위에 여러 방울 떨어져 있는 혈흔을 가리키며 흥분한 듯 말했다.

표면자 주변의 다른 혈흔

"큐, 이 혈흔이 무엇을 의미할 것 같아?"

"글쎄, 그러고 보니 다른 혈흔들과는 전혀 다른 모양이군. 다른 것들은

곤봉 모양인데 이쪽 몇 개의 혈흔은 정원형의 모양을 하고 있어.”

“그래, 다른 혈흔들은 움직이면서 떨어졌기 때문에 모양이 작으면서도 긴 타원형을 하고 있지만 이 혈흔은 무엇인가 암시를 하고 있는 것 같아. 이게 뭐지?”

“내가 생각하기에 이 피는 정지된 상태에서 흘린 피인 것 같은데, 피살자가 그 급박한 상황에서 머무를 수 있는 순간이 있었을까? 또 다른 경우가 있을 수 있을까?”

“앤, 너 공부 잘하지? 그럼 이 혈흔이 어느 정도 높이에서 떨어진 것인지 계산 좀 해 줄래? 사건을 해결하는 데 매우 중요한 단서가 될 수 있어.” 큐가 말했다.

“글쎄, 계산을 하려면 기본적으로 혈액의 질량과 중력 가속도, 높이 등의 수치가 필요하지. 그리고 혈흔의 점도와 바닥의 탄성 등등도 모두 고려를 해야 할 텐데……. 우아, 그럼 너무 복잡해. 그냥 혈액을 떨어뜨려 비교하는 것이 속 편하겠어.”

“앤, 내 피로 실험해 볼까?”

“뭐? 지금 농담할 때야?”

“앤, 이리 와서 돋보기로 자세히 혈흔을 관찰해 보자. 시신 가까이 있는 혈흔의 주위에 형성된 위성혈흔 (24쪽 사진 참고)을 봐. 여기 위성혈흔의 돌기는 짧고, 멀리 있는 것은 돌기가 길게 나타나 있지?”

“아, 그렇군. 시신 가까이 있는 혈흔은 낮은 곳에서, 시신에서 먼 곳에 있는 혈흔은 높은 곳에서 각각 떨어졌단 말이지? 그럼 이 혈흔은 범인의 것이란 말이야?”

앤이 눈을 크게 뜨며 큐에게 말했다.

“그래, 맞아. 이 혈흔은 나중에 만들어진 것으로 생각돼. 이 혈흔은 범인의 것일 가능성이 크지. 왜냐하면 피살자는 그 급박한 상황에서 가만히 서 있을 수가 없었을 테니 말이야. 시신 옆에 생긴 것으로 보아서 피살자가 숨진 후에 범인은 피살자의 사망 여부를 확인하려 했던 것 같아. 아까 시신 얼굴의 혈흔에서 지그재그로 왜곡된 모양이 있었잖아. 바로 그 상황을 설명하고 있는 거야. 그러니까 범인은 사망자에게 가까이 다가가서 피살자를 흔들어 보고 머뭇거리다 일어나서 문 쪽으로 도주한 것이지."

아까부터 혈흔을 자세히 관찰하던 큐의 설명이 거침없이 계속됐다.

"큐! 대단해! 훈련을 열심히 받더니 역시 이 분야에서는 큐를 쫓아갈 사람이 없을 것 같아."

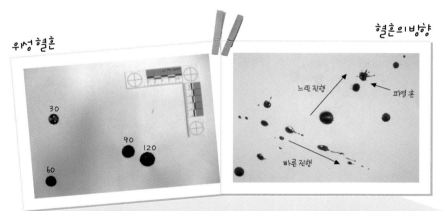

위성혈흔

혈흔의방향

느린 진행

파열흔

바른 진행

○ 자유 낙하한 혈액의 경우 위의 사진에서와 같이 사방으로 위성혈흔(혈흔의 외곽에 형성된 작은 돌기 형태의 혈흔들)이 고르게 퍼져 나간다. 이때 혈흔 돌기의 형태 및 크기는 낙하한 높이와 혈액의 양 등에 따라 다양하게 나타난다.
하지만 어떤 움직임에 의해 형성된 혈흔, 즉 걸어가거나 뛰어가면서 떨어진 혈액 또는 강한 힘에 의해 뿌려진 혈액 등 현장에서 발견되는 거의 모든 혈흔은 방향성을 가진다. 이러한 경우 혈흔은 타원형으로 나타나는데 이의 넓은 부분과 좁은 부분을 통해 낙하 당시의 세기와 방향을 측정할 수 있다.

# 혈흔의 방향성을 보고 범인 찾기

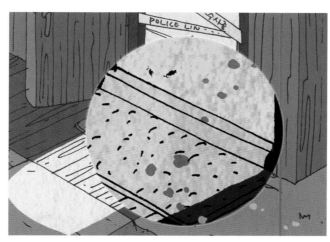

범인이 남긴 핏자국

"자, 그럼 문 쪽을 자세히 살펴보자고."

"앤, 여기에서도 같은 혈흔이 발견돼."

혈액 몇 방울이 현관문에까지 떨어져 있었다.

"이 혈흔도 자세히 관찰해 보자."

앤과 큐는 자세하게 혈흔의 형태를 관찰했다.

"음, 역시 문 쪽으로 약간의 방향성을 갖는 것을 알 수 있어. 이건 범인이 흘린 혈액이 분명해. 왜냐하면 문 쪽으로 천천히 움직일 사람이 없잖아."

큐가 혈흔 가까이에 쭈그려 앉아 말했다.

자유 낙하한 혈액일지라도 자세히 관찰하면 방향성을 갖고 있음을 알 수 있다. 따라서 범인이 움직인 방향을 추정할 수 있게 된다.

## 핏자국도 방향성을 가진다!

사건 현장에서 움직이며 흘린 피는 움직이지 않은 상태에서 흘린 피와 구별이 된다. 움직이지 않은 상태에서 자유 낙하한 피는 혈흔의 모양이 동그랗고 위성혈흔이 고르게 형성되지만, 움직이면서 흘린 피는 움직인 방향으로 폭이 줄어들면서 긴 혈흔을 형성하며, 속도가 빠를수록 폭에 대한 길이의 비가 증가한다. 즉, 범인이 상처를 입고 도주한 경우 형성된 혈흔의 폭이 좁아지는 방향 및 위성혈흔이 형성된 방향이 바로 도주 방향임을 알 수 있다. 또한 범인 또는 피해자가 어떤 속도로 움직였는지를 알 수 있다.

자유 낙하로 형성된 혈흔은 정원형의 모양을 갖는다. 이때 떨어진 혈흔의 크기와 모양은 바닥의 재질과 떨어진 높이, 혈액의 양에 따라 다양하게 나타난다. 따라서 정확한 높이를 계산하기란 매우 어렵다. 하지만 사람이 서 있을 때 흘린 것인지 앉아 있을 때 흘린 것인지 여부는 판단할 수 있다. 혈흔의 가장자리를 자세히 보면 돌기 모양이 있는데, 낮은 곳에서 떨어진 혈흔의 돌기는 둥글고 짧은 형태로 나타나는 반면에 높은 곳에서 떨어진 혈흔의 돌기는 날카롭고 길게 나타난다. 이러한 경우 어느 정도의 세밀한 관찰로도 판단할 수 있다.

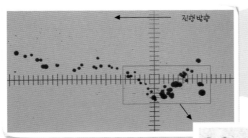

진행 방향

◐ 이 사진은 이동하면서 흘린 혈액의 형태를 나타내고 있다. 혈흔의 돌기는 힘이 가해진 방향으로 형성되며, 진행 속도에 따라 넓은 곳과 좁은 곳의 비가 달라진다.

# 핏자국 속의 빈 공간

"이곳을 잘 봐, 큐! 이곳에 무엇인가 놓여 있던 것 같지 않아?"

"그래. 뭔가 놓여 있던 것 같은데 뭐였을까?"

앤은 사망자가 있던 옆쪽에서 무엇인가 있던 것 같은 곳을 발견했다. 흐릿한 형상이어서 그것만으로는 어떤 물건이 놓여 있었는지를 명확하게 알 수 없지만, 무엇인가 있었다가 피살자가 피를 흘리고 난 후에 그 물건이 없어졌음은 알 수 있었다.

"앤, 중요한 단서가 될 것 같으니까 실사(같은 크기로 복사하는 것)를 하고, 자를 그 옆에 놓고 사진을 찍어서 나중에 단서가 나오면 비교를 해야겠어."

"무엇인가 중요한 것일 거야. 그러니까 나중에 그것을 가져갔겠지."

"아! 생각났다."

큐가 손을 머리에 올리며 말했다.

"열쇠! 몸에 지니고 있던 열쇠를 떨어뜨리고 만 거야. 싸우는 과정에서 열쇠를 떨어뜨린 것이 분명해."

"큐, 하지만 범인은 열쇠를 챙겨 갈 정도로 여유가 없었을 텐데. 그러면 자유 낙하 혈흔도 범인이 열쇠를 찾기 위해 왔다 갔다 하다가 흘린 건가?"

범인이 남긴 열쇠 자국

어떠한 물건의 위에 피가 떨어졌으나 그 후 물건이 옮겨지거나 없어진 경우 물건이 있던 곳은 혈흔이 없는 공간으로 남겨진다. 혈흔의 빈 곳은 현장에 있던 없어진 물체를 추정할 수 있으며 접힌 옷감 등에 혈액이 묻은 경우 혈흔에는 손 무늬, 발 무늬, 신발 무늬, 머리카락 무늬 등 다양한 형태의 무늬가 나타난다. 혈흔의 빈 곳은 혈액이 떨어질 당시의 가해자와 피해자의 위치를 암시하기도 한다.

# 건물 외부의 혈흔

어느 정도 현장에 대한 감식이 진행되고 있을 무렵, 사망자 검시에 따라간 김 수사관으로부터 전화가 왔다. 검시 결과 사망자는 둔기에 맞아 온몸에 피멍이 들었고 두개골이 파열됐다고 했다. 따라서 결정적인 사망 원인은 둔기 등에 의하여 머리를 가격당한 것으로 판단된다고 하였다.

현관문까지 꼼꼼하게 감식한 앤과 큐는 범인의 도주로를 찾기 위해 현관문을 열고 밖으로 나갔다. 만약 범인이 산을 타고 도주한 것으로 확인되면 탐문수사는 당연히 산 너머에 있는 마을을 중심으로 이루어져야 하고, 아랫 마을 쪽으로 내려가는 곳에서 혈흔이 검출되면 아랫 마을 쪽으로 도주한 것으로 판단할 수 있다. 혈흔이 발견되는 방향에 따라 수사는 전혀 다르게 진행될 것이다. 따라서 사건 현장에서의 증거물을 확보하는 것도 중요하지만 이러한 도주로를 확인하는 작업 역시 매우 중요하며, 범인을 검거하는 데 결정적인 역할을 할 수 있다.

하지만 마을로 내려가는 길은 산속으로 난 작은 길을 통해서만 가능했다. 그 넓은 곳에서 범인의 도주로를 찾는 것은 쉽지가 않았다. 이런 경우와 같이 광범위한 장소에서 육안으로 찾기 곤란한 혈흔을 찾거나 미세한 양의 혈흔을 찾을 때에 가장 많이 실시하는 실험이 루미놀 시험이다. 루미놀 시험은 사람의 혈액뿐만 아니라 동물, 생선, 곤충 등의 모든 혈액 물질에 반응한다. 또한 루미놀 시험은 구리, 철 등 혈흔이 아닌 것에도 반응을 하기 때문에 실험 시 세심한 주의를 기울여야 하고, 많은 숙련도가 요구된다. 또한 형광빛을 관찰하는 실험이기 때문에 항상 어두운 곳에서 실험을 해야 한다. 따라서 숲 같은 곳에서는 낮에는 이 실험을 하는 것이 불가능하고 빛이 약하거나 없을 때 실시해야 한다.

루미놀 시험을 하는 큐

"자, 그럼 범인이 어느 곳으로 도주했는지 자세히 조사해야겠어."

"그런데 그냥 눈으로 혈흔이 보일까? 이런 때에는 루미놀 시험을 할 수밖에 없어. 그렇지 않아도 루미놀 시약을 준비해 왔지. 혹시 몰라서."

앤은 큐를 보며 낮게 한숨을 쉬었다.

큐가 아이스박스에서 루미놀을 꺼내 들었다.

"참, 내 정신 좀 봐. 루미놀 시험은 밤에나 가능하지."

앤이 웃으며 말했다.

"큐는 항상 급하다니까. 날이 어두워질 때까지 채취한 증거물을 정리하고 내일 아침에 바로 국과수에 의뢰해야겠어."

이것저것 정리하다 보니 금방 날이 어두워졌다. 그날 밤은 달빛도 강하지 않고 현장이 다른 집들과 떨어져 있어서 루미놀 시험을 하기에 딱 알맞았다.

앤과 큐는 혈흔 연결이 끊어진 문 앞에서부터 루미놀 시험을 실시하였다. 하지만 문 앞에서부터 끊어진 혈흔은 어느 곳에서도 검출되지 않았다.

"어휴, 이거 헛수고만 했네. 벌써 밤 1시가 넘어가는데 이제 그만하자."

피곤해 보이는 앤이 큐를 졸랐지만 큐는 단호했다.

"조금만 더 해 보자고. 당장 수사의 방향을 결정해야 하는데, 지금까지 나온 단서라곤 방안의 혈흔 이외에는 없으니 여기에서 어느 정도 수사의 방향을 결정할 수 있는 단서를 찾아야 해."

범위가 넓다 보니 밤 깊은 시간까지 실험이 계속되었다. 너무 넓은 곳이어서 실험은 그리 쉽지 않았고, 혈흔 또한 전혀 발견되지 않았다. 너무 넓어서 발견을 못 한 것인지, 전혀 피를 흘리지 않은 것인지는 알 수 없었다.

"앤, 보통 피를 흘리면 자연적으로 멈추는 데까지 얼마나 시간이 걸리지?"

"글쎄, 잘 모르겠는데."

"현관문 앞까지는 자유 낙하 혈흔이 있는데 그 다음에는 전혀 없다는 것이 이해가 안 가."

"그렇긴 해. 나도 그 점이 이상하거든."

어느덧 길이 끝나는 곳에 있는 주차장 근처까지 왔다. 이제는 거의 포기

상태까지 온 **큐**는 어둠 속에서 빛을 발하는 무엇인가를 발견하였다.

"어, **앤**, 이게 뭘까? 손전등 좀 켜 봐."

**큐**는 **앤**이 비추어 주는 불빛을 받으며 땅바닥에 떨어져 있는 뭔가를 들어 자세히 관찰했다.

"음, 이것은 무엇인가를 감싼 것으로 보이는 휴지잖아? 혹시 범인이 버린 것은 아닐까?"

"아, 그럼 이해가 간다. 범인은 피를 흘리자 급하게 거실에 있던 휴지를 뽑아서 손을 감싸고 여기까지 온 거야. 그리고 이곳까지 와서 여기에 세워 둔 차를 몰고 어디론가 갔을 거야."

"글쎄, **앤**의 추론이 맞을까? 그럼 일부러 이곳까지 범행을 하러 왔다는 건데, 내가 보기에는 우발적인 범행 같아. 그러니까 범인이 금품을 노리고 들어갔다가 주인한테 들키면서 일어난 사건이 아닐까? 결국 주인의 거센 반항에 부닥쳐 목적은 이루지 못했지만 분명히 우발적으로 들어간 것 같아."

"좋아. 어쨌든 범인은 상처를 입었기 때문에 어디에선가 치료를 받았을 거야. 인근의 모든 병원과 의원 등 의료기관을 탐문해서 간밤에 치료를 받은 사람이 있는지를 알아보아야겠어."

**앤**은 피곤함도 잊고 날이 밝으면 할 계획을 생각하느라 눈이 반짝거렸다.

"**앤**, 일단 잠을 좀 자고 날이 밝는 대로 병원을 모두 조사하자. 그리고 오늘 채취한 증거물들은 아침 일찍 모두 국과수에 의뢰하자고."

이처럼 깊은 밤까지의 현장 검증을 통해 다행히 **앤**과 **큐**는 확실시되는 범인의 도주 경로를 찾아낼 수 있었다. 범인은 주차장 쪽을 통해 도주했거나 주차장에 세워 놓은 차를 타고 도주한 것이다. 주차장에서 얼마 떨어지지 않은 곳에는 주택이 여러 채 있어서 목격자가 있을 수도 있었다. 범인도 상처를 입은 것으로 보이니 어디에선가 치료를 받았을 것이란 추측도 가능했다.

아침이 되자마자 **앤**과 **큐**는 그동안 현장에서 채취한 증거물들을 국립과학수사연구소로 보내 검사를 의뢰하였다. 현장에서 발견한 특이한 혈흔(피살자 주위의 자유 낙하 혈흔) 등은 범인의 신원을 알아내기 위해 유전자 분석을 실시하였다. 또한 피살자와 범인이 서로 격렬하게 싸우는 과정에서 범인의 모발이 떨어졌을 가능성이 있어 거실을 정밀 감식하면서 수거한 모발들의 검사도 같이 의뢰하였다. 물론 가족 이외의 사람, 즉 범인의 유전자형을 얻기 위하여 가족의 구강채취물도 함께 검사 대상에 포함시켰다.

# 용의자 검거

이와 동시에 **앤**과 **큐**는 사건 발생지로부터 얼마 떨어지지 않은 마을에 사는 사람들을 상대로 탐문 수사를 벌였지만 별 소득이 없었다. 혹시 사건이 일어난 집으로부터 황급하게 뛰쳐나가는 사람을 본 적이 있는지를 마을 사람들에게 물었지만 아무도 본 사람이 없었던 것이다. 또한 사건 발생일 밤에 누군가의 상처를 치료한 기록이 남아 있는지를 알아보기 위해 인근 병원과 의원들의 진료 기록을 샅샅이 뒤져 나갔다. 워낙 많은 사람이 진료를 받았기 때문에 진료받은 사람들 중 범인을 가려내기는 쉽지가 않았다. 그러나 마을에서 한참 떨어진 곳의 자그마한 병원의 진료 기록을 살피던 **큐**는 마침내 상처만 치료하고 간 사람을 찾아낼 수 있었다.

"**앤**, 이거 봐. 이 사람은 팔과 손등에 상처를 입고 치료를 했어. 보통 이

런 상처가 날 확률이 거의 없잖아. 용의점을 두고 철저하게 조사를 하자.”

“좋아. 마을과는 많이 떨어져 있는 병원이지만 한밤중에 범행을 저지르고 아침에 치료를 받았다고 보면 그 정도 거리는 충분히 가능해. 이 사람의 신원을 확보하고 주소지 등을 파악해야겠어.”

앤과 큐는 해당 병원에서 범인으로 의심되는 사람을 치료한 의사를 찾아갔다.

“의사 선생님, 이 사람 혹시 기억하십니까?”

“네, 어제 찾아온 사람인데, 싸우다가 다쳤다면서 빨리 약만 발라 달라하기에 응급치료만 한 환자입니다.”

“이 사람의 신원을 알 수 있습니까?”

“주소지가 이 근처로 되어 있는데, 한선웅 씨로 되어 있습니다. 나이는 28살이군요.”

“감사합니다. 자, 앤! 빨리 그곳으로 가자고. 용의자를 검거해야겠어.”

앤과 큐는 서둘러 용의자의 주소지로 찾아갔다. 용의자는 피살자의 집에서 그리 멀지 않은 작은 읍의 아파트에 거주하는 사람이었다. 그러나 집에는 아무도 없었다. 몇 시간 동안 용의자가 나타나기를 기다렸지만 그는 나타나지 않았고, 저녁 8시쯤이 되어서야 가족으로 보이는 한 명이 집으로 들어갔다. 앤과 큐는 초인종을 눌렀다.

“여보세요, 한선웅 씨 댁이지요?”

“네, 맞는데요. 누구시죠?”

“네, 수사관인데요, 한선웅 씨를 좀 조사할 게 있어서요.”

“글쎄요, 그제 집을 나가서 들어오질 않고 있는데……. 무슨 일이 있는 건가요? 연락도 없고 휴대폰도 받지 않아서 도대체 어떻게 된 일인지 모르겠어요.”

"혹시 들어오시거든 저희한테 연락 좀 해 주세요."

앤과 큐는 부탁의 말을 남겼지만 혹시 그가 오늘 들어올 것에 대비해 집 앞에서 기다리기로 했다. 하지만 한선웅 씨는 다음날에도 돌아오지 않았다. 그의 연고지를 찾아 행방을 수소문했지만 전혀 그를 찾을 수가 없었다. 이렇게 이틀이 지난 후 그의 어머니한테 전화가 왔다. 휴대폰전화 그와 통화가 되었다는 것이다.

"자, 빨리 준비해, 앤. 그쪽으로 가야지!"

"어디?"

"발신지를 추적해서 그가 있는 곳을 알아내면 되잖아."

용의자는 인근의 야산으로 보이는 곳에서 전화를 한 것으로 밝혀졌다. 앤과 큐는 급히 추정 위치로 찾아갔지만 한적한 산 속에서 찾을 수 있는 것은 아무것도 없었다. 무언가 잘못된 것은 아닌가 싶은 생각이 드는 순간, 앤의 눈앞에 작은 암자 하나가 나타났다.

"범인은 분명히 저곳에 있을 거야."

확신에 차서 암자로 달려간 앤과 큐는 이곳에 숨어 있는 용의자를 검거할 수 있었다.

"한선웅 씨, 어떻게 이런 곳에 와 계신지요?"

"마음도 복잡하고 해서 그냥 와 있습니다."

"뭐 복잡한 일이 있었나 보군요."

"뭐 그럴 것까지는……."

"팔에 상처가 많습니다. 치료를 받으셨네요."

큐는 용의자의 상처를 보며 사건과의 연관성을 캐묻기 시작했다.

"아, 이것은 친구와 싸우다 생긴 것입니다."

"아, 그러세요. 싸운 것치고는 상처가 깊습니다. 심하게 다투셨나 보군요? 그 외딴 집에 가 보신 적이 있나요?"

"네? 무슨 외딴 집이요?"

"아, 한선웅 씨의 혈액이 그곳에 떨어져 있어서 물어보는 겁니다."

큐는 용의자를 범인으로 확신하고 그의 자백을 유도하였다.

"유전자 분석 결과가 나오면 바로 한선웅 씨의 것임을 더 정확하게 알 수 있지요."

"아닙니다. 저는 절대로 그러지 않았습니다."

"그럼 할 수 없군요. 그 혈흔과 비교하기 위해 당신의 구강상피세포를 채취해야겠어요. 협조해 주셨으면 합니다."

그는 태연하게 협조에 응했다.

## 유전자 분석 결과

며칠 후 용의자의 구강채취물에서 검출된 유전자형과 현장에서 채취한 자유 낙하 혈흔, 현관에서 채취한 혈흔, 도주로에서 찾은 휴지의 혈흔 등 여러 종류의 증거물에 대한 유전자 분석 결과가 통보되었다. 우선 궁금한 것은 피살자의 주변에서 채취한 자유 낙하 혈흔과 휴지에 묻어 있는 혈흔이 용의자의 것과 일치하는지 여부였다. 예상대로 이들에서 검출된 유전자형은 가족들의 유전자형과 전혀 다른 것이었고, 용의자 한선웅 씨의 것과 일치하였다. 반면에 거실에서 채취한 모발은 모두 피살자 또는 피살자 가족의 유전자형과 일치하였다. 이와 같은 증거들을 바탕으로 한선웅 씨가 이 사건의 범인으로 체포되었다.

"한선웅 씨! 이제 말씀을 하세요. 이미 한선웅 씨가 범인이라는 객관적인 증거가 나왔어요."

"아닙니다, 저는 안 그랬습니다."

그는 끝까지 자신의 범행 사실을 인정하지 않았다. 큐가 유전자 분석 감정서를 보여 주며 말했다.

"이래도 부인하시겠습니까? 국과수에서 유전자 감정 결과가 통보되었어요. 피살자 주변 등지에서 채취한 혈흔과 산 속 주차장 근처에서 발견한 휴지의 혈흔에서 한선웅 씨의 유전자형이 검출되었단 말입니다."

"네! 네?"

"여기 보세요."

"…… 죄송합니다."

그동안 범행 사실을 강력하게 부인하던 그도 결정적인 증거 앞에서 더 이상 버틸 수가 없었다. 범인은 그제야 사실을 털어놓기 시작했다.

"사실은 친구들과 그 근처에 놀러가서 술을 마시다가 괜한 호기심에 집을 살피던 중 아무도 없는 것 같아 집을 털어 볼 욕심이 생겼습니다. 그래서 친구는 차에서 기다리고 저는 집으로 들어갔는데 남자분이 계실 줄은 전혀 생각하지 못했습니다. 꿈에도 그럴 마음은 없었는데 그 사람이 먼저 몽둥이를 휘둘러서 저도 모르게 싸움을 하게 되었습니다. 그러다가 저도 손에 닿는 대로 집어서 때렸는데……. 그 사람은 계속 피를 흘리면서도 저를 공격하기에 저도 맞서 싸웠습니다. 하도 정신없이 싸워서 저도 어떻게 했는지 잘 기억이 안 납니다. …… 순간적으로 제가 휘두른 막대기에 그 사람의 머리가 맞은 것 같았습니다."

"그래서요?"

"그 사람이 소파 뒤로 피하는 것 같았는데 그냥 힘없이 쓰러졌어요. 잘못된 것 아닌가……. 막상 그렇게 되고 나니 덜컥 겁이 났습니다. 제가 그랬다

는 것이 믿기지 않았습니다. 죽었는지 궁금해서 그를 흔들어 보니 그냥 흔들리기만 하더군요. 도망가야겠다고 생각이 드는 순간에 옆에 제 차 키가 떨어져 있는 것이 보이기에 그것만 급히 주워 들고 달려 나왔습니다. ……그 사람이 그렇게 심하게 대하지만 않았어도…… 제가 나쁜 맘만 안 가졌어도 그렇게 안 됐을 텐데…….”

하지만 이미 모든 것이 끝난 후였다. 아무리 후회를 해도 이제는 다시 돌릴 수 없는 과거가 되었다. 잠시의 잘못된 생각으로 본인에게는 영원히 씻을 수 없는 과오로 남게 되었고, 피살자의 가족에게는 커다란 아픔으로 남게 됐다.

## 열쇠 자국이 밝힌 범인

“참, 큐! 그 혈흔의 빈 곳은 범인의 차량 열쇠 모양과 일치할까?” 앤이 지친 목소리로 큐에게 물었다.

“글쎄, 그가 차량을 버리지는 않았을 것이고……. 어디 한번 맞춰 보자. 같이 달려 있는 열쇠와 열쇠고리의 모양이 독특해서 금방 구별이 갈 거야.”

“큐, 이미 확실한 물증이 있는데 그렇게까지 해 볼 필요가 있을까?”

“그래도 추가로 증거를 확보해야지.”

“그래, 한번 비교해 보자. 한선웅 씨도 자기 열쇠의 자국이 그곳에 남아 있으리라고는 꿈에도 생각 못 했을 거야.”

“그럴 거야.”

“큐, 나는 이번 사건에서 참 많은 가르침과 교훈을 얻었어. 현장에 떨어진 작은 것들도 사건 해결에 결정적인 역할을 할 수 있다는 것, 현장에 들어

갈 때에는 철저하게 계획을 세워서 사건 현장이 훼손되지 않도록 해야 한다는 것 등을 말이야. 이번 사건도 만약 현장에 급하게 들어갔다면 중요한 단서인 혈흔의 형태가 전부 뭉그러져서 범인 추적을 제대로 할 수 없었을지도 몰라."

"그래. 처음 맡은 사건이지만 잘 해결해서 다행이야. 앤이 말한 대로 현장의 모든 것이 중요한 것 같아. 이런 것들이 각각 의미를 지니고 수사에 도움이 될 수 있게 하려면 현장을 온전하게 보존해서 꼼꼼하고도 정확하게 감식하고 사건 정황을 보는 시야를 더욱 더 넓혀야겠다는 생각이 들어. 나도 참 많은 것을 배운 것 같아. 현장 혈흔이 갖는 중요성도 다시 한 번 느낄 수 있었고 말이지. 지금 생각해 보니 지난 일주일이 한 편의 드라마같아. 조금이나마 경험이 쌓였으니 다음 사건은 더 잘 해결할 수 있을 거야. 안 그래?"

### 사건 현장의 혈흔 분석으로 무엇을 알 수 있을까?

사건 현장에 있는 혈흔을 통해 1) 사건 도중에 일어난 충격의 대략적인 횟수, 2) 혈액 방울이 충격 당시에 이동한 방향, 3) 출혈과 관계된 충격의 성질과 충격이 가해진 방향, 4) 범행 당시 도구를 사용한 손, 5) 피의자와 피해자 또는 다른 관련된 물체와의 상대적인 위치, 6) 사건과 관련돼 일어난 다수의 행위들의 순서, 7) 범행에 사용된 도구의 종류, 8) 혈액이 초기 발생한 곳에서부터 묻은 곳까지의 거리, 9) 충격을 가할 때 사용한 특정한 물체의 성질 등을 알 수 있다.

# 사건 속에 숨어 있는
## 1인치의 과학

## 사건 속에서 혈흔이 갖는 의미는?

### ◆ 혈흔은 왜 흔적을 남길까?

물의 점도가 1인 것에 비해 혈액의 점도는 약 4.4~4.7이다. 이러한 점착성 때문에 범행 현장에서 적은 양이 묻어도 흔적이 남게 되는것이다.

### ◆ 사람은 어느 정도의 혈액을 잃으면 죽는 걸까?

인간의 혈액은 정맥이 58%, 동맥이 13%, 폐가 12%, 심장이 9%, 모세혈관 이 8%를 각각 차지한다. 전체 혈액량의 3분의 1이 체외로 나오면 생명이 위험해지고, 2분의 1 이상 소실되면 사망한다. 출혈이 되면 먼저 혈관 경직 현상이 일어나고 이어 혈액의 응고 및 건조 현상이 진행된다.

## 사건 현장에서 혈흔은 어떤 모양으로 남을까?

대개 사건 현장은 짧은 시간에 격렬하고 순간적인 움직임이 집중적으로 일어난 공간이기 때문에 혈흔의 형태 또한 압축되어 나타난다.

실제 혈흔 사진 1

### ◆ 자유 낙하 혈흔

사건 당시 멈춰 있는 상태에서 중력에 의해 피가 떨어졌을 경우 생성되는 피의 흔적으로, 정원형의 둥근 형태를 보이며 방향성은 띠지 않는다. 이것은 우리가 쉽

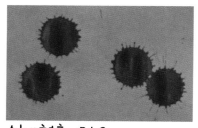

실제 혈흔 사진 2

게 실험을 할 수 있다. 돼지나 소의 굳지 않은 피를 높낮이를 달리 해서 떨어뜨려 보면 높은 곳에서 떨어져서 생긴 원형의 혈흔 지름이 크게 나타나는 것을 관찰할 수 있다. 일부는 원에서 떨어져 나와 더 멀리까지 가게 되는데, 이를 위성혈흔이라 한다. 따라서 이들 높이와 비례하여 늘어나는 혈흔의 원 지름 길이를 계산하면 떨어뜨린 높이를 산출할 수가 있다.

### ◆ 경사진 면의 자유 낙하 혈흔

경사진 면에 혈흔이 형성된 경우 폭에 대한 길이의 비로 어느 정도의 각도에서 떨어졌는지 추정할 수 있다. 폭에 대한 길이의 비(L/W)가 증가할수록 혈액이 떨어진 각도는 커진다.

자유 낙하혈흔 1

### ◆ 혈흔의 기원점

혈액이 흩뿌려진 원래 지점을 측정함으로써 사건 당시의 가해 지점, 위치, 방향 등을 추정할 수 있다. 이 작업은 사건을 규명하는 데 매우 중요하다.

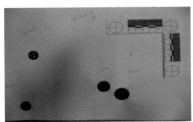

자유 낙하혈흔 2

CASE 2

타일 밑에 숨겨진
비밀을 밝혀라!

CASE 2

"타일 밑에
숨겨진 비밀을 밝혀라!

# 사건의 주요 내용

　　6개월 전에 한 유흥 주점에서 종업원이 사망하였다. 뒤늦게 그의 사망 원인에 대해 가족은 타살을 주장하고 나선 가운데 주점 주인은 종업원의 실수로 인한 사고사라고 주장하고 있다. 과연 누구의 주장이 옳을까? 이미 6개월이 지나서 사건 현장의 모든 것이 없어진 상태인데 어떻게 증명할 수 있을까?

## 6개월 전에 일어난 일

　6개월 전에 한 유흥주점에서 종업원 김정애 씨가 사망하는 사건이 발생했다. 사망자는 당시 술을 많이 마신 상태로 화장실에 갔다 오다가 가파른 계단에서 굴러 떨어졌는데, 이때 머리를 다쳐 피를 많이 흘렸고 급히 병원으로 옮겨졌으나 이내 사망했다고 한다. 당시 수사팀은 주점 주인 및 목격자의 진술, 현장 상황 등을 종합하여 주점의 종업원이 술에 취한 채 화장실에 갔다 오다가 계단에서 굴러 떨어져 사망한 것으로 결론을 내리고 사건을 종결시켰다. 하지만 김정애 씨의 가족은 홀 내부에서 누군가가 그녀를 폭행해서 숨졌다고 끈질기게 주장하고 있다. 즉, 계단에서 구른 정도로는 사망에 이를 수가 없고, 머리의 상처는 무엇엔가 맞아서 생긴 것이 틀림없다는 것이다.

며칠째 한여름의 더위가 기승을 부리고 있었다. 사무실에 에어컨을 틀었지만 후텁지근한 날씨는 모두를 지치게 했다. 더위에 찌들어 축 처져 있는 사무실을 깨우는 전화벨 소리가 요란하게 울려 댔다. 큐는 졸린 눈을 하고서 노곤한 목소리로 수화기를 들었다.

"사건 발생일로부터 6개월이 지났는데 당시의 사건 현장에서 혈흔을 채취할 수 있습니까? 이 사건은 6개월 전에 피해자가 술에 취해 계단에서 굴러 떨어져 사망한 것으로 수사가 종결되었지만, 피해자 가족들은 계속 타살 가능성을 주장하며 재수사를 요구하고 있습니다. 너무 오래되어서 이제는 증거도 없고 당시의 수사 기록만 있을 뿐인데, 수사 기록에 대해 피해자 가족들은 계속 의문을 제기하고 있습니다. 그래서 당시 사건 현장에 대한 정밀 감정을 부탁드리고자 합니다."

담당 경찰서의 한 수사관으로부터 그들이 6개월 전에 처리한 한 사건이 문제가 되자 이를 문의하는 전화를 해 온 것이다.

"지금 그곳은 영업을 계속 하고 있나요?"

큐가 전화를 한 수사관에게 물었다.

"네. 아직 영업 중입니다. 그러니 사건 발생 이후부터 지금까지 벌써 수십, 아니 수백 번은 물청소를 했을 텐데……. 저도 답답해서 전화를 드리는 것입니다. 방법이 없을까요?"

"글쎄요. 말씀만 들어서는 실험의 의미가 없을 것 같지만, 하여튼 혈흔 검사에 필요한 시약을 준비해서 현장으로 가 보겠습니다."

앤과 큐는 시약과 장비 및 복장을 챙겨 현장으로 갔다.

"앤, 시간이 너무 많이 흘렀는데 과연 혈흔 검출이 가능할까? 내 생각에는 거의 불가능할 것 같은데……. 아니, 전혀 가능성이 없어."

"그래, 큐. 괜한 수고를 하는 걸 거야. 지금까지 흐른 시간도 시간이지만 아직 영업 중이라니 사람도 많이 드나들었을 텐데 흔적이 남아 있겠어? 갈 필요가 있을까? 이 더운 날에 밀폐된 공간에서 루미놀 시약을 뿌린다는 것 자체가 무리야."

"앤, 하지만 유족들은 계속 타살을 주장하고 있어. 뭔가 주점 주인이 숨기는 게 있는 건 아닐까? 혹시 억울한 죽음이라면 그것을 풀어 주는 것이 우리의 임무잖아!"

"네 말이 맞아. 좀 힘들고 고생스러워도 실험을 진행해 보자."

"그래!"

## 유족과 술집 주인의 주장

앤과 큐는 현장에 도착하여 유족 측과 주점 주인의 애기를 번갈아 들었다. 피해자의 가족 중 한 사람이 격앙된 어투로 말했다.

"부검 당시 제가 지켜보았는데 몸에 멍이 든 흔적이 많이 발견되었습니다. 이것은 내부에서 구타를 당했다는 증거입니다. 또 화장실로 가는 계단이 가파르긴 하지만 굴러 떨어져 죽을 정도는 아니었습니다. 그리고 수사 기록에는 계단에서 굴러 떨어져 두개골이 골절됐다고 되어 있는데 그 정도면 현장에서 혈흔이 발견됐어야 하는 것 아닙니까? 그럼에도 불구하고 혈흔에 관한 이야기는 수사 기록에 전혀 남아 있지 않습니다. 수사는 전적으로 업소 주인과 주위 목격자들의 진술만을 토대로 이루어졌고, 우리가 주장한 의혹들은 하나도 해소되지 않았습니다. 그러니 우리가 어떻게 수사 결과에 수긍할 수가 있겠습니까?"

"앤, 역시 사건 초기에 정확하게 현장을 기록하고 감식하지 않으면 이런 결과가 오는 것 같아. 좀 더 세밀하게 모든 상황을 기록했으면 이렇게 되지는 않았을 텐데 말이지. 그렇다고 처음부터 다시 시작을 하려니 모든 상황이 끝난 상태고……. 참 난감하군. 어쨌든 업소 주인의 말도 들어 보자."

큐는 업소 주인을 불러 당시의 상황에 대해 말해 줄 것을 요청했다.

"아마 밤 12시가 넘은 시간이었을 겁니다. 저는 사무실에서 일을 보고 있었는데 종업원 하나가 제게 와 '김정애 씨가 계단에서 굴러서 일어나지 못한다' 고 하기에 그쪽으로 갔습니다. 계단을 헛디뎌 굴러 떨어지는 사고는 주점에서는 흔히 발생하는지라 대수롭지 않게 생각했는데, 김정애 씨는 머리에 피를 흘린 채 끝내 일어나지 못했습니다."

"홀 내부에서 싸움이 일어나거나 하지는 않았습니까?"

"그런 것은 없었습니다. 구타한 적도 없습니다."

"그렇다면 사망자의 몸에 있는 멍 자국은 무엇입니까?"

"제가 생각하기에 그것은 아마도 계단에서 굴러 떨어질 당시 어딘가에 부딪쳐서 생긴 것이 아닌가 싶습니다. 하여튼 그래서 바로 119에 신고하여 김정애 씨를 병원으로 이송했는데, 얼마 지나지 않아서 사망했다는 연락을 받았습니다."

"그런데 가족에게는 왜 늦게 연락을 했습니까?"

"당시에는 경황이 없어서 미처 그 생각을 못 했다가 다음날 아침 일찍 전화를 드렸습니다. 사고 후에 바로 수사관도 왔고, 저는 있는 대로 말했을 뿐입니다."

업소 주인은 조금도 흔들림 없이 당시 상황을 담담하게 말했다. 6개월 전의 일인데도 그는 사건 발생 시간까지 정확하게 기억하고 있었다.

**앤**과 **큐**는 당시 수사관의 말도 요청하여 들었다.

"처음에는 큰 사건이 아니라고 판단했습니다. 부검 결과 사인은 분명했고 현장에 있었다는 사람들의 진술이 모두 일치하였기 때문에 더 이상의 이의는 없을 것으로 보여 계단에서 굴러 떨어져 사망한 것으로 종결했던 것이지요. 그때 현장 상황 등을 정확하게 기록하고 증거를 충분하게 남겼어야 했는데 제가 실수한 것 같습니다. 자그마한 실수였지만 지금처럼 아무런 증거물이 없는 상황에서 이것을 입증하려니 매우 어렵군요. 해결해 주시지 않으면 제가 참 난감한 처지가 될 것 같습니다."

## 루미놀 시험

주점은 지하에 위치하고 있었는데 그리 넓지는 않았고, 앞서 다른 이들로부터 들었듯이 사건 이후에도 영업을 계속해 오고 있었다. **앤**과 **큐**는 홀 안으로 들어가 내부 상황을 조사했다. 홀 내부는 전체가 트여 있었고 테이블과 의자들이 가지런히 놓여 있었다. 또한 청소를 하여 깨끗한 상태였으며, 화장실로 가는 계단은 생각보다 경사가 심했고 좀 어두운 편이었다. 불을 모두 켜서 홀 내부를 관찰하였지만 예상한 대로 어떤 흔적도 발견할 수 없었다. 사건이 일어난 지 벌써 6개월 이상이 흘렀고 바닥을 이미 수십, 수백 번 청소했을 것이니 이것은 어쩌면 당연한 것이었다. 더구나 혈흔이 묻은 곳은 더욱 더 신경을 써서 청소를 했을 터여서 혈흔 검출 여부를 실험하는 자체가 무리였다.

"**앤**, 불가능하지만 진실을 밝히기 위해 최선을 다해 보자."

"**큐**, 만약 타살이라면 타살 여부는 무엇으로 판단할 수 있을까?"

"만약에 계단 밑에서 피해자의 혈흔이 검출되면 업소 주인의 말이 맞는 것일 테고, 홀 내부에서 혈흔이 검출되면 홀 내부에서 사건이 일어났다는 것을 증명하는 것이니까 가족들의 주장이 맞는 것이겠지."

"그렇겠구나. 그럼 홀의 내부와 계단 밑을 중점적으로 실험해 보자."

"자, 준비는 됐지, 앤?"

"그래, 덥지만 할 수 없지. 루미놀 시험은 어두운 곳에서만 가능하기 때문에 빛이 전혀 들어오지 않아야 하는데. 다행히도 사건 발생 장소가 지하여서 창문 몇 개만 담요 등으로 가리면 될 것 같아."

## 타일 밑에 숨겨진 혈흔

앤과 큐는 랜턴을 켜 들고, 피해자가 살해되어 옮겨진 곳이라고 피해자의 가족들이 주장하는 장소인 홀 내부에서 먼저 루미놀 시험을 해 보기로 하였다. 루미놀 시약 자체가 인체에 좋지 않고, 시약에 포함되어 있는 과산화수소수는 사람의 피부 및 점막 등에 닿으면 손상을 입히기도 하기 때문에 실험 시에는 절대로 피부 등이 노출되면 안 된다. 따라서 실험복은 물론 방독 마스크, 눈을 보호할 수 있는 장비 등을 착용하여 실험자가 시약에 노출되는 것을 최대한 막아야 했다.

더운 날씨에다 밀폐된 공간에 들어가 있으니 실내 온도는 점점 높아졌고, 앤과 큐는 실험을 시작하기도 전에 온몸이 땀으로 축축해지기 시작했다.

"자, 이제 실험을 시작해 보자. 불을 끄니까 으스스한 게 꼭 귀신이 나타날 것 같아."

"별 생각을 다 하네."

"먼저 가족들이 피해자가 타살 당한 곳이라고 주장하는 홀부터 실험해 보자.”

사실 혈흔이 검출되지 않는다 해도 문제는 있다. 시간이 많이 흘러서 검출되지 않았다고 주장하면 할 말이 없기 때문이다. 초기의 현장 감식이 중요한 것은 이 때문이다.

루미놀 시험으로 홀 내부를 거의 다 살펴보았지만 예상대로 혈흔 반응은 전혀 없었다. 이어 화장실에서 홀로 진행하는 방향을 따라 루미놀 시험을 계속해 나갔지만 역시 혈흔은 전혀 발견되지 않았다. 마지막으로 한 가닥 희망을 걸고 화장실로 이어지는 계단 밑에서도 자세하게 실험을 했지만 모든 것이 헛수고였다. 숨을 쉴 수조차 없을 정도로 홀 내부는 후텁지근하였고, 너무 더워서 더 이상 실험을 하기엔 무리였다.

“큐, 더 이상 볼 것도 없는 것 같고, 괜히 고생만 한 것 같아.”

앤이 불을 켰다. 약 한 시간의 실험으로 두 사람의 몸은 완전히 땀으로 젖어 있었다.

“어, 저게 뭐지?”

실험을 마치고 돌아서려는 순간 큐가 손으로 거품이 나는 곳을 가리켰다. 화장실 쪽의 계단 밑 타일 접합 부분에서 무엇인가 거품이 일고 있는 것을 발견한 것이다.

“큐, 좀 더 자세히 살펴보자. 저거 혹시……”

“앤, 상처가 났을 때 우리 무엇으로 소독하지?”

“과산화수소수?”

“그래, 바로 그거야. 과산화수소수로 상처 난 곳을 소독하면 상처 부위의 혈액과 과산화수소수가 반응해서 거품이 일어나잖아. 루미놀 시약에는 과산화수소가 들어가 있고. 그러니 거품이 일고 있는 저곳에도 분명 혈흔 같은 것이 있을 거야. 좀 힘들겠지만 불을 다시 끄고 저곳을 다시 실험하자.”

**앤**과 **큐**는 불을 끄고 다시 시약을 뿌렸다. 그러자 지금까지 전혀 보이지 않던 형광 반응이 약하게 어둠을 뚫고 나오고 있었다.

"와! 바로 이거야."

피곤함도 잊은 채 **앤**이 흥분하면서 말했다.

"분명 혈흔이 맞아. 드디어 해결했어!"

"전혀 생각도 못한 일이었는데……."

두 사람은 추가로 LMG 시험도 실시하였다. 역시 혈흔 반응의 결과가 양성으로 나타나 혈흔이 맞다는 것을 다시 입증하였다.

"**큐**, 그런데 아까는 반응이 전혀 없었는데 어떻게 혈흔이 검출된 것일까?"

"음, 아마 혈흔이 저 타일 밑에까지 스며들어 있었기 때문일 거야. 우리가 실험할 때는 시약이 미처 그곳까지 스며들어 가지 않아서 반응을 보이지 않았던 것일 게고."

"맞는 것 같아, **큐**. 사건 당시 피해자의 피는 많이 흘렀을 것이고, 그래서 그곳에 물을 뿌리고 청소하는 과정에서 타일과 타일 사이의 접착 부분으로 적은 양의 혈흔이 스며들어 갔을 거야. 그 이후에 물청소 등을 했어도 위가 막혀 있어 타일 밑의 혈흔은 없어지지 않고 보존된 것 같아. 모세관 현상에 의해 혈액이 접착 부분의 보이지 않는 미세한 관을 타고 밑으로까지 흘러들어간 거지."

"어어, 어려운 문자 쓰네. 모세관 현상? 많이 들어 본 것 같은데."

"식물들이 그 높은 곳의 잎에까지 물을 끌어올리는 것, 가는 유리관 같은 것을 물에 넣으면 유리관을 따라 물이 올라가는 것 등이 모세관 현상이야. 모세관 현상은 물 분자와 유리벽면 또는 물 분자 사이의 서로 당기는 힘 때문에 일어나는 거야. 관의 지름이 작으면 작을수록 높이 올라갈 수 있는데,

일정한 높이까지 올라가면 중력과 균형을 이루어 더 이상 올라가지 않게 되지. 이 현상은 우리 생활 주변에서 흔히 볼 수 있어. 만년필의 잉크가 나오는 것, 잉크가 화선지 같은 곳에서 퍼지는 것, 옷의 한 부분이 젖으면 주변까지 다 젖는 것 등 사례는 수없이 많아."

앤이 으쓱해 하며 장황하게 설명을 하였다.

"자, 그만하면 됐으니 이제 본론으로 들어가 보자고."

큐의 말에 앤이 머쓱한 듯 머리를 긁적였다.

"내가 너무 심했나?"

사건 장소의 바닥에는 장판 스타일의 타일이 깔려 있었는데, 타일들은 완벽하게 붙어 있는 것처럼 보이지만 타일을 붙인 사이에는 미세한 구멍들이 있었다. 앤과 큐는 사건 당시 청소를 하는 과정에서 물에 희석된 혈흔이 타일과 타일 사이를 메운 시멘트 내로 스며들어 간 것이라고 짐작하였다. 처음 실험에서는 시약이 직접 혈흔에 닿지 않았기 때문에 반응이 없었지만, 나중에 혈흔이 스며들어 간 것과 마찬가지로 시약 역시 모세관 현상에 의해 스며들어 가 혈흔과 반응을 일으키면서 거품이 나온 것이었다.

"앤, 이 부분의 타일을 모두 뜯어내서 실험을 하자고."

"혈흔이 검출되지 않았던 저쪽 홀 중앙도 다시 실험해야 할 것 같아. 그 부분의 타일도 뜯어내서 루미놀 시험을 하면 아까는 보이지 않은 것들이 검출될 수도 있잖아."

두 사람은 의심되는 부분의 타일을 모두 뜯어냈다. 타일을 뜯어내 관찰한 결과 계단 아래의 타일 밑에서 소량이긴 하지만 혈흔이 스며들어 마른 흔적이 남아 있었다. 하지만 홀 중앙 부분에서 뜯어낸 타일에서는 혈흔이 전혀 검출되지 않았다.

## 사건의 해결

"앤, 이제 결론을 내려야 할 것 같지? 일단은 업소 주인의 말이 맞는 것으로 잠정적으로 결론을 짓자고. 업소 주인의 주장대로 피해자는 계단에서 굴러 떨어져 숨졌고, 그때 흘린 피의 일부가 타일 사이로 스며들어 간 거야. 처음의 수사 결과를 재확인할 수 있었어."

큐가 실험 결과에 대해 피해자 가족에게 설명을 하였다. 비록 자신들의 주장과는 다른 결과였지만 가족들은 큐의 설명에 수긍을 하며 "억울했었는데 속 시원하게 밝혀 주어서 감사합니다"라고 인사를 했다.

2시간여 진행된 실험 동안 앤과 큐의 몸은 온통 땀으로 범벅이 되었고 속옷은 물론 겉옷까지 모두 젖어 있었다. 그래도 사건을 해결했다는 뿌듯한 마음으로 두 사람은 가져온 실험일지를 정리하며 채취한 혈흔들을 챙겼다.

"큐, 그런데 마지막으로 한 가지 확인해야 할 게 있어. 이 혈흔이 숨진 사람의 것이 아니면 어떻게 하지? 그거 생각해 봤어?"

"추가로 실험을 의뢰해야지. 검출된 혈흔은 모두 채취했어. 혈흔을 건조시킨 다음 빨리 국과수에 의뢰를 해야지. 여름이어서 젖은 채로 의뢰하면 짧은 시간이라도 부패해서 실험이 불가능할 수도 있다고 배운 기억이 나."

"그런데 그렇게 적은 양으로도 분석이 가능할까? 그리고 너무 오래되어서 혈흔이 완전히 부패했을 텐데……."

"앤, 박사님한테 여쭤 보자."

큐가 유전자 분석 전문가인 국립과학수사연구소의 임 박사에게 전화를 해 이번 사건에 대한 대략적인 설명을 한 후 물었다.

"저희가 찾은 것은 타일 사이로 스며든 적은 양의 혈흔으로, 6개월이나 지났는데 유전자 분석이 가능할까요?"

"네, 물론 가능하지요."

"아, 그렇습니까!"

"수사관님의 말대로 시간은 많이 지났지만 타일 사이로 스며들어 간 혈흔이라면 오히려 잘 보존되어 있었을 테니 분석 결과도 잘 나올 것 같군요. 요즘은 극히 적은 양에서도 유전자형을 검출할 수 있어요. 그러니 그 정도 양이라면 분석하는 데 충분합니다."

"그런데 혈흔은 저희가 시약을 통해 채취한 것도 있고, 사건 현장에서 바로 뜯어낸 타일에 묻어 있는 것도 있는데, 어떤 것을 의뢰하는 것이 나을까요?"

"가능한 한 분해한 타일을 그대로 의뢰하면 도움이 됩니다. 왜냐하면 채취한 혈흔은 이미 시약과 반응을 했기 때문에 분석에 좋지 않은 영향을 미칠 수 있기 때문입니다."

"네, 알겠습니다. 그럼 채취한 것은 어떻게 하지요?"

"아, 이미 채취한 것은 잘 말린 다음 의뢰하세요. 물론 잘 알겠지만 응달에서 말려야 해요. DNA는 자외선에 매우 약하거든요. 그러니 반드시 서늘한 그늘에서 말리세요."

"네, 잘 알았습니다. 감사합니다."

비록 6개월이나 지난 사건이지만 한 사건을 명확하게 해결했다는, 아니 전혀 불가능할 것 같던 실험을 성공적으로 끝냈다는 자부심으로 **앤**과 **큐**는 씩씩하게 사무실로 향했다.

"**큐**, 나 오늘 죽는 줄 알았어. 더워도 어쩌면 그렇게 더울 수가 있는지!"

"나도 그래. 정말 힘들었어. 그래도 보람이 있잖아?"

"그래, 이런 기분에 수사관을 하는 거지."

며칠 후 유전자 분석 결과가 국립과학수사연구소로부터 통보되었다. 하지만 이 혈흔이 사망자의 것이라는 사실을 증명할 길이 없었다. 생전의 유품도 전혀 없어 그 사람의 DNA인지를 확인할 수가 없었기 때문이었다.

"거 참, 이럴 땐 어떻게 해야 하지?"

"글쎄……. 아, 앤! 우리가 왜 그 생각을 못했지? 사망자 가족들의 DNA와 비교하면 되잖아!"

앤과 큐는 이 혈흔의 주인공이 김정애 씨인지를 밝히기 위해 가족의 구강세포를 채취하여 다시 국립과학수사연구소에 유전자 분석을 의뢰하였다. 그리고 며칠 후 통보된 결과에 의해 혈흔의 주인은 본래의 예상대로 김정애 씨인 것이 확인되었다.

## 소량의 혈흔으로도 유전자 분석이 가능할까?

물론 가능하다. 우리가 과학수사에서 사용하는 유전자 분석 기술은 최근 유전자 증폭 기술 및 검출 장비 등의 발달을 거듭하면서 눈에 보이지 않는 극소량의 혈흔으로도 유전자형을 얻을 수 있는 수준에까지 도달했다. 또한 한 가닥의 모발, 한 마리의 정자, 범인이 사용한 가방 손잡이나 마스크 등에 묻은 인체 세포 등 극히 적은 양의 세포만으로도 유전자 분석이 가능해졌다.

## 혈흔 검출 실험은 어떻게 하나요?

혈흔 검출을 위해 현재 사용되고 있는 가장 일반적인 실험은 루미놀 시험과 LMG 시험이다.

### 1. 루미놀 시험
시약을 분무기 등에 넣어 혈흔이 있을 것으로 추정되는 부위에 분사하면 혈흔인 경우 시약과 반응하여 형광을 발한다.

1) 혈흔 식별이 어려운 광범위한 현장 또는 유사 혈흔의 식별 시 사용한다.

2) 루미놀 시약이 혈색소 헤민에 작용하여 강한 화학적 발광을 일으킨다.

3) 예민도가 높아 1만~2만 배의 희석된 혈액도 검출해 낼 수 있다.

4) 구리, 철 등에서 혈흔이 아니면서 혈흔처럼 반응하는 경우가 있으며 2회 이상 분무 시 유전자 분석에 악영향을 미칠 수 있다.

루미놀 시험결과

* 루미놀 시험 시 주의 사항은?

루미놀 검사 시약은 시약 자체가 인체에 유해하고 피부에 닿으면 손상을 일으키므로 실험 시에는 반드시 장갑을 끼고 방독마스크 및 얼굴에 밀착되는 안경과 일회용 가운 등을 착용하여 피부 등이 시약에 노출되지 않도록 주의해야 한다.

2. LMG 시험

인주, 페인트 등과 같은 혈흔과 유사한 흔적 또는 루미놀 시험으로 찾은 혈흔을 재확인하는 데 사용한다. 사용 방법은 LMG 시약 및 3% 과산화수소수를 혈흔으로 추정되는 곳에 각각 떨어뜨려 반응을 관찰한다. 혈흔인 경우 청록색으로 변한다. 약 400배 정도로 희석된 혈흔에서도 반응하며, 루미놀의 경우

LMG 시험결과(혈흔 반응 양성)

혈흔이 아닌 것에도 반응하지만 LMG 시약은 대개 혈흔에서만 반응한다.

　보통 범죄수사에서 말하는 유전자 분석은 범죄 현장에서 발견한 혈액, 혈흔, 모발, 침, 땀 등의 여러 증거물 등에서 검출된 유전자형과 용의자의 유전자형을 비교하여 범인을 확인하는 과정을 말한다. 이러한 유전자 분석은 과학수사에서 빼놓을 수 없는 것이다. 그만큼 유전자 분석 기술은 과학수사에 있어서 범죄를 해결하는 데 없어서는 안 될 중요한 위치를 차지하고 있고, 응용범위도 확대되고 있으며, 발전 속도 역시 엄청나다. 실제로 지난 10여 년간은 가히 혁명적이라 할 정도로 유전자 분석 기술이 발전을 거듭해 왔고, 앞으로의 발전 속도는 과거보다 더 빠를 것으로 보인다.

　유전자 분석 기술은 이렇게 주로 범인을 확인하기 위한 것 외에도 다음과 같이 매우 다양한 분야에서 여러 목적으로 응용되고 있다.

### ◆ 신원불상자의 신원 확인

　우리는 가끔 신문이나 TV를 보면서 강이나 바다에서 신원을 알 수 없는 변사체가 발견되었다는 뉴스를 접하곤 한다. 또한 산이나 들에서 유골이 발견되었는데 신원을 알 수 없는 경우도 있다. 이러한 경우에 사용되는 것이 유전자 분석이다.

　강과 바다에서 발견된 시신이 심하게 부패된 경우 외관만으로는 누구인지 알 수 없다. 설사 옷차림 또는 신분증 등으로 신원이 밝혀졌다 하여도 이것들에만 100% 의존해서는 안 되며 확실하게 신원을 확인해야 한다. 시신의 외관 및 옷차림만 보고 신원을 확인하여 가족에게 인도하려 하였다가 나중에 다른 사람임이 확인된 경우도 있고, 정황 판단에만 의존한 바람에 불에 탄 시신을 집 나간 남편으로 오인하여 장례를 치렀지만 며칠 후 남편이 귀가함으로써 기절초풍한 경우도 있었다.

다른 사람의 신분증을 넣어 범행을 위장한 경우도 있다. 삼풍백화점 붕괴 사고 시에도 이와 비슷한 일이 있었다. 백화점 직원인 것으로 보이는 한 시신의 상태가 좋지 않아 옷에 붙은 이름표를 보고 신원을 확인하였지만 후에 유전자 분석을 한 결과 이름표의 주인과는 다른 인물이라는 것이 밝혀졌다. 추가 조사를 통해 건물이 붕괴되기 전에 직원들이 옷을 바꿔 입었다는 것이 밝혀졌고, 그제서야 시신의 신원을 제대로 확인할 수 있었다.

유전자 분석에 의한 신원 확인 방법은 우선 사망자로 추정되는 사람의 가족에게서 채취한 시료와 시신의 시료를 함께 분석하여 유전자형을 비교함으로써 가족 관계가 성립되는지를 알아보는 방법이다.

### ◆ 헤어진 가족 찾아 주기 운동

우리 주위에는 가족 간에 헤어져 애타게 서로를 찾아 헤매는 사람들이 있다. 집 형편이 어려워 다른 집으로 입양되었다가 뒤늦게 형제자매를 찾는 사람들, 함께 집을 나섰다가 서로를 잃어버리는 바람에 헤어져 몇십 년이 지나서야 만나 서로 얼굴을 더듬으며 오래전의 기억을 맞추어 보는 사람들, 6·25 한국전쟁으로 헤어졌다가 TV 프로그램에 의해 가족을 찾는 사람들이 이러한 사례에 해당한다. 하지만 너무 오랫동안 떨어져 지냈기에 기억조차 희미하고 실제로 확인할 길이 없는 사람들의 경우에는 유전자 분석을 통해서 가족임을 확인할 수 있다.

### ◆ 대형 재난사고 희생자의 신원 확인

삼풍백화점 붕괴 사고(1995년), KAL기 괌 추락 사고(1996년), 중국 민항기의 경남 김해 인근

대형재난사고 1

야산 추락 사고(2002년), 대구지하 철 방화 참사(2003년) 등 기억하 기조차 싫은 수많은 사건이 있었 다. 이들 사고 시에는 많은 희생자 가 발생했는데, 육안으로는 신원을 확인할 수 없을 만큼 시신의 훼손 정도가 심했다. 이들의 신원 확인 을 위하여 유전자 분석, 법의학적

대형재난사고 2

방법, 법치의학적 방법, 유류품 조사 등 여러 전문 분야의 신원 확인 방법이 총 동원되었는데 이 중에서 가장 정확한 방법은 유전자 분석이었다. 유전자 분석 방법은 극도로 훼손된 시료 또는 소량의 시료로도 실험이 가능해 이들 사건에 서도 완벽한 신원 확인을 하는 데 결정적인 역할을 했다.

### ◆ 미아 찾기 사업

수용시설 등에 있는 미아와 치매 노인들에 대한 가족 찾아 주기 사업이 2005년부터 실시되었다. 「실종 아동 등의 보호 및 지원에 관한 법률」(제정 2005.5.31. 법률 7560호) 및 시행령에 따라 국립과학수사연구소가 '유전자검사 기관'으로 지정되어 (동법 시행령 제5조 유전자검사기관 - 법 제11조 제2항에 서 "유전자 검사를 전문으로 하는 기관으로서 대통령령이 정하는 기관"이라 함 은 국립과학수사연구소를 말한다) 실종 아동과 실종자 가족들에 대한 데이터베 이스를 구축하여 그동안 많은 가족이 재회의 감격을 누렸다.

미아 찾기 사업은 현재 보건복지부, 경찰청 및 국립과학수사연구소에서 나눠 서 실시하고 있다. 보건복지부에서는 실종 아동들의 신상을 관리하고 채취된 시료를 암호화하여 국립과학수사연구소에 분석을 의뢰하고, 경찰청에서는 시료 의 채취 및 홍보 활동을 실시하고 있다. 또한 현재 1만 7,000여 명의 실종 아

동과 그 가족들의 정보를 데이터베이스화하여 관리하고 있는 국립과학수사연구소는 보건복지부 실종아동 전문 기관으로부터 암호화된 시료를 송부 받아 유전자 분석을 실시한 후 이를 가족의 유전자형과 대조하는 방법을 통해 실종 아동을 찾아 주고 있다.

### ◆ 독립유공자의 가족 확인 사업

국가보훈처에서는 독립유공자에 대한 예우를 위해 독립유공자의 후손에 대해서 국가 차원의 지원을 하고 있다. 하지만 당시의 기록이 거의 남아 있지 않거나 아예 없는 경우가 있어 독립유공자의 후손이면서도 예우를 받지 못하는 사례가 종종 발생했다. 따라서 이들을 확인하기 위하여 국가보훈처와 국립과학수사연구소 사이에 협력사업이 체결되었다. 이에 따라 국립과학수사연구소가 독립유공자 후손들에 대한 유전자 분석을 실시하여 국가보훈처에 제공함으로써 독립유공자의 후손 확인에 좀 더 객관적인 검증을 할 수 있게 되었다.

또한 국가보훈처에서는 국외에 안장된 독립유공자 유해의 국내 송환도 추진하고 있다. 이는 안중근 의사와 같이 아직 외국의 땅에 묻혀 있는 독립유공자를 확인하여 국내로 송환하려는 계획인데, 유해가 묻혀 있는 곳으로 추정되는 곳을 발굴하여 유골을 수습한 후 신원을 확인하는 데 있어서도 유전자 분석 방법이 사용되고 있다.

### ◆ 두개골에서의 유전자 분석

오래된 사람의 뼈 등에서 유전자를 분석해 내는 것은 매우 어렵기 때문에 그동안 두개골에서의 유전자 분석은 불가능한 것이라고 인식되어 왔다. 하지만 최근에는 이러한 시료에서도 유용하게 사용할 수 있는 분석 방

오래된 사람의 뼈

법이 개발되어 고고학 분야에도 적용되고 있다. 따라서 고대 인골에 대한 유전자 분석을 통해 한민족의 이동 경로 확인이나 인류의 기원 등에 관한 문제들에 대해 많은 연구가 이루어지고 있고, 실제로 구체적인 연구 성과들이 나타나고 있다.

### ◆ 동·식물의 식별

유전자 분석은 사람뿐만 아니라 동·식물의 식별에도 응용되고 있다. 얼마 전에 시가 1억 원 이상 하는 소나무가 도난당한 사건이 있었다. 현장에 남아 있는 소나무의 뿌리와 도난당한 소나무가 같은 것임을 입증하기 위하여 유전자 분석을 실시한 결과 동일한 나무임을 확인하였다.

또한 포획이 금지된 보호야생동물을 밀렵꾼 등이 잡은 경우 동물 사체의 일부만 남아 있어도 이들 종의 식별을 통하여 보호동물 여부를 알아낼 수 있고, 이에 따라 범행 여부도 확인할 수 있다. 이와 더불어 애완견이나 경주 말 등의 혈통 보전 또는 증명을 위해서도 유전자 분석 방법이 사용되고 있다. 이처럼 유전자 분석 방법은 여러 분야에서 응용되고 있으며, 앞으로 적용 분야가 더욱 확대될 것으로 보인다.

동물의 사체

CASE 3

# 손톱의 세포가 범인을 알렸다!

CASE 3
손톱의 세포가
범인을 알렸다!

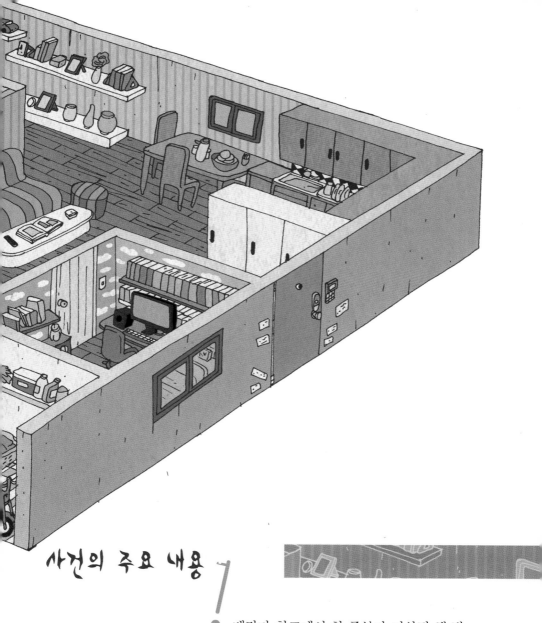

# 사건의 주요 내용

🔵 베란다 창고에서 한 주부가 피살된 채 발견되었다. 남편이 밤샘 일을 마치고 돌아와 이를 발견하고 119에 신고하여 병원으로 이송하였지만 아내는 이미 사망한 상태였다. 경찰은 처음에 남편을 유력한 용의자로 보았다. 그러나 남편이 완강하게 부인할 뿐만 아니라 새로운 증거도 없어 수사는 계속 헛돌기만 할 뿐 사건은 미궁 속으로 빠져

들고 있었다. 하지만 뜻밖의 감정 결과로 사건은 극적으로 해결되고, 생각지도 못한 자가 범인으로 밝혀졌다.

 ## 사건 발생

"앤, 이번에는 아파트의 베란다에 있는 창고에서 주부가 사망한 채 발견되었다는 신고가 들어왔어. 신고를 받고 정 수사관(앤과 큐의 동료 수사관)이 먼저 사건 현장에 도착해서 주검에 관한 것과 현장 상황을 체크한 것 같아. 지금 시신은 병원으로 옮겨진 상태고 사망자를 발견한 사람은 남편이래. 야간 근무를 마치고 아침 7시에 돌아와 보니 부인이 보이지 않아 집안 여기저기를 찾다가 창고에서 웅크리고 숨져 있는 피해자를 발견했다는군. 빨리 현장으로 가 봐야겠어."

"큐, 일단 병원 영안실로 가서 사망자의 상태를 먼저 살펴보자. 물론 검시 결과가 나와야 정확한 사인을 알게 되겠지만 수사의 방향을 잡으려면 상처의 상태, 부위 등을 먼저 살피는 것이 좋을 것 같아."

둘은 시신이 안치된 병원 영안실로 황급하게 달려갔다.

"으스스한 게 무섭다. 교육 시간에 부검하는 것을 참관한 적이 있는데 그때와는 기분이 다르네."

"왁!"

웅크리고 숨진 피살자

큐가 갑자기 돌아서며 앤을 놀라게 했다.

"아이, 깜짝이야. 장난하지 마!"

놀란 앤이 가슴을 쓸어내리며 큐를 노려보았다.

냉장실에 있는 시신은 하얀 천에 덮여 있었다. 약간의 상처가 있을 뿐 얼굴 부분은 깨끗한 상태였고, 코와 입에는 흘러내린 혈흔 자국이 있었다. 다리와 팔에서는 일부 멍이 든 자국 등이 발견되어 누군가와 다투는 과정에서 사망자가 상처를 입은 것으로 추정되었다. 목에는 육안으로 보기에도 눌린 흔적이 남아 있었다.

"시신 상태로 보아서는 목이 졸려 사망한 것으로 판단되는데, 자세한 것은 검시 결과를 봐야겠네. 이젠 빨리 현장으로 가야겠어. 앤, 내가 국과수에서 검시하는 것을 참관하고 현장으로 갈 테니까 앤은 정 수사관과 현장 감식에 합류했으면 좋겠어."

"음, 알았어."

## 보이지 않는 범인

큐는 국립과학수사연구소로 떠났고 앤은 동료인 정 수사관이 있는 사건 현장으로 향했다.

사건 현장은 5층짜리 아파트의 2층이었다. 우선 밤에 일어난 사건이므로 외부인의 침입이 있었는지 여부가 매우 중요했다. 밤에는 보통 문을 잠그고 있기 때문에 외부로부터의 침입 흔적이 없다면 사망자를 아는 사람이 찾아와 문을 열어 주었을 가능성이 크기 때문이다. 따라서 사망자가 알고 있는 사람의 소행일 가능성이 높았다.

"정 수사관님, 외부에서 침입한 흔적이 있는지부터 보시지요."

"네, 벌써 창문틀 등에 손 자국 등 침입 흔적이 있는지 자세히 살펴보았습니다. 또 혹시 범인이 열려 있는 현관문으로 침입했다가 창문으로 도망쳤을 수도 있어서 창문 등에서 혈흔이 검출되는지도 실험했습니다만, 창틀은 먼지가 쌓여 있는 그대로였고 누가 손을 댄 흔적이 전혀 없었습니다. 다른 부분에서도 외부 침입 흔적은 전혀 발견할 수 없었습니다."

"그러면 결국 이번 사건은 피살자를 알고 있는 누군가에 의해 저질러진 범행이라 판단할 수 있겠군요."

"네, 제가 지금까지 확인한 결과만 보면 최소한 사망자가 알고 있는 사람이 늦은 시간까지 사망자와 같이 있었던 것으로 추정할 수 있습니다. 밤중에 모르는 사람이 찾아와서 현관문을 열어 준다는 것은 쉽게 납득이 되지 않거든요. 아니면 밤중에 누군가 현관문을 통해서 들어왔다는 것인데요."

정 수사관은 말을 계속 이어 나갔다.

"일단 남편을 의심하지 않을 수 없습니다. 아침에 퇴근한다고 했지만 조금 일찍 올 수도 있기 때문이지요. 남편은 매일 아침 7시 정도에 들어온다고 하니 사망자의 사망 추정 시간이 7시 이후라면 남편이 범인일 가능성이 큽니다. 하지만 7시 이전이라면 남편일 가능성이 줄어들기 때문에 사망자의 사망 시간이 매우 중요합니다. 제가 사망자의 직장 온도를 재 본 결과 밤 4~6시에 사망한 것 같은데, 정확하지 않기 때문에 다른 결과를 보고 추정해야 할 것 같습니다. 검시 결과가 나와야 정확한 시간을 알 수 있을 텐데, 만약에 제가 예상하는 사망 시간대가 맞다면 용의선상에서 남편을 배제하는 수밖에 없을 것 같습니다."

"정 수사관님, 부검 결과를 보고 판단을 내리죠."

"제가 감식을 하는 동안 사망자의 남편은 계속 옆에서 저를 지켜보고 있

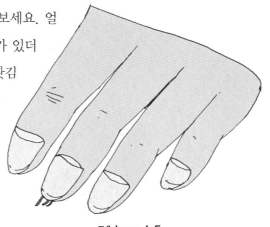

었는데, 유심히 관찰해 보니 그의 표정은 너무 담담하고 슬픈 기색도 전혀 없는 것 같았습니다."

"정 수사관님, 저도 그런 생각을 했어요. 그, 왜, 느낌이라는 것이 있잖아요?"

그때 정 수사관이 귓속말로 앤에게 말했다.

"피해자 남편의 목을 한번 보세요. 얼핏 보니 목 부분에 긁힌 상처가 있더군요. 혹시 부부싸움을 하다 홧김에 범행을 저지른 건 아닐까요?"

"그러고 보니 상처가 있군요."

앤이 흘끗 남편을 보며 정 수사관에게 이야기했다.

파살자의 손톱

"정 수사관님, 일단 현장에 대한 감식부터 철저히 해야겠어요."

"그럼, 이제 안방과 거실을 보지요."

앤과 정 수사관은 안방에 들어가 감식을 시작했다. 침대 시트가 어지럽게 흐트러져 있었지만 몇 가지 물건이 떨어져 있는 것을 제외하고 안방은 깨끗한 상태였다. 군데군데에서 미세한 혈흔이 관찰된 것으로 보아 사건은 안방에서 일어난 것으로 판단되었다. 그러나 문제는 사망자의 혈흔이 많지 않다는 것이었다.

"사망자의 것으로 보이는 혈흔이 너무 없어요. 아까 시신을 보니 코와 입에서 흘러내린 혈흔이 얼굴에 남아 있어서 사건 현장에도 출혈이 어느 정도 있을 것이라 생각했는데……. 대체 혈흔은 모두 어디로 사라진 걸까요?"

감식 결과 안방에서는 창틀, 침대에 놓여 있는 조그마한 자갈, 경대 틈, 장판 밑 등에서 혈흔이 검출되었고 루미놀 시험 결과 방바닥에서 피를 닦은 흔적과 더불어 벽 등에서는 흩뿌려진 몇 점의 혈흔이 검출되었다. 앤은 방에서 관찰된 혈흔을 모두 채취하였다. 혹시 다투는 과정에서 범인의 혈액이 떨어졌을 수도 있기 때문이다. 앤은 첫 번째 사건에서 사건을 해결하는 데 있어서 자유 낙하 혈흔이 매우 중요한 역할을 한 것을 아직도 생생히 기억하고 있었다.

안방에서의 감식을 끝낸 앤은 정 수사관과 함께 거실과 베란다에서 감식을 시작했다. 거실도 안방과 마찬가지로 잘 정돈되어 있었고, 소파 및 소파 밑 방바닥 등에서만 소량의 혈흔이 검출되었다.

"정 수사관님, 이것 좀 보세요!"

앤이 베란다 하수구 옆에 놓여 있는 걸레를 가리키며 말했다.

"방에서 쓰는 걸레인 것 같은데 잘 빨아 놓았군요. 걸레와 배수구 등에서도 혈흔이 검출되는지를 실험해야겠어요."

"안방에도 혈흔을 닦은 흔적이 있었고 거실에서도 검출된 혈흔이 거의 없다는 것이 좀 이상했어요. 범인이 혈흔을 모두 닦아 낸 것 같아요."

정 수사관이 앤을 보며 말했다.

베란다 배수구 옆에는 수도가 있었고 걸레가 몇 개 놓여 있었다. 사망자의 남편은 그곳은 걸레가 매일 놓여 있는 곳이 아니라고 말했다. 즉, 누군가 걸레를 사용한 후 빨아서 놓았을 확률이 높았다. 수도가 있는 곳을 중심으로 하수구 및 베란다 전체에 대한 혈흔 검사가 진행되었다.

"앤 수사관님, 예상대로 걸레와 베란다 바닥 타일 사이에서도 혈흔이 검출되었어요."

깜짝 놀란 정 수사관이 말했다.

"저번에 지하 주
점 사건 때 타일 이음
새 부분에서 6개월 지
난 혈흔을 검출한 것이
기억나요. 이번에도 그
와 비슷한 경우인 것 같
습니다. 범인은 범행 현장
을 닦아서 없애려고 했겠지
만 모든 것을 지울 수는 없
지요."

"역시 **앤** 수사관님은 혈흔
의 대가이십니다."

"별 말씀을요. 어쨌든 범인은

깨끗하게 청소된 베란다

면식범일 가능성이 가장 높다고 생각됩니다. 외부 침입 흔적이 전혀 없다
는 점, 내부에서 장시간 머무르면서 현장을 은폐하기 위해 혈흔을 걸레로
닦고 다시 걸레를 빨아서 놓은 점 등으로 보아 외부인의 소행일 가능성은
거의 없어 보이네요."

### 현장 감정 결과를 정리해 보자!

1. 안방

창틀, 조그마한 자갈, 경대 틈, 장판 밑 등에서 혈흔이 검출되었으며 장판 부분
에서는 루미놀 시험 결과 닦은 흔적을 관찰할 수 있었음. 유전자 분석 결과 사망
자의 유전자형이 검출되었다.

2. 거실

소파 및 소파 밑 방바닥 등에서 혈흔이 검출되었으며 모두 사망자의 유전자형인 것으로 나타났다.

3. 베란다

▶ 시신이 있던 창고 문, 베란다 창틀 일부, 아이스박스 등에서 혈흔 및 사망자의 유전자형이 검출되었고, 창고의 벽면 등에서는 혈흔이 검출되지 않았다.

▶ 베란다 수도꼭지 주위 타일의 이음새에서 혈흔이 검출되었으나 오염 등으로 인하여 혈액형 및 유전자형은 검출되지 않았다.

# 사건 해결의 실마리

현장 감식이 거의 끝나갈 무렵 검시에 참관한 큐가 사건 현장으로 왔다.

"앤 그리고 정 수사관님, 고생 많으셨지요? 검시 결과 피해자는 목졸림에 의해 사망한 것으로 추정되고, 피해자의 사망 추정 시간은 오전 4시에서 6시 사이인 것 같다는 소견이 나왔습니다. 처음 이곳에 도착한 정 수사관님이 직장 온도를 정확하게 측정한 것 같습니다. 다른 법의학적 증거들도 이를 뒷받침하고 있어요."

"큐, 그러면 남편이 돌아오는 시간인 7시보다 이른 시간에 피살자가 사망했다는 거네? 하지만 원래 직장 온도에 의한 사망 추정 시간에는 약간의 오차를 감안해야 하니, 그 정도의 시간 차이는 오차 범위 내에 들어가는 것으로 생각해야 할 것 같아. 사망 추정 시간은 시신이 있던 곳의 온도, 습도 등 환경에 의해 많은 영향을 받으니까 말이야."

## 사망 추정 시간은 어떻게 측정할까?

사망 추정 시간은 시신의 체온 하강 정도, 시신의 부패 정도, 시반, 직장 온도 등을 측정 또는 관찰함으로써 추정할 수 있다. 그러나 이러한 것들은 외부 환경에 따라 변할 수 있기 때문에 정확한 사망 시간을 추정하기는 매우 어렵다. 그럼에도 불구하고 법의학자들은 여러 과학적 근거에 의해 오차를 줄이려고 노력하고 있다.

**시반** : 사람이 죽은 후 피부에 생기는 자색 반점으로, 시신 내에서 혈구(血球)가 중력에 의해 혈관 속을 이동하여 하위 부분에 가라앉아 형성된다.

"그래? 하지만 7시라면 오차 범위를 벗어나는 시간인 것 같은데, 그렇다면 남편이 범인일 가능성은 낮은 것 아닐까?"

"큐, 내가 아까부터 남편을 계속 유심히 살펴보았는데 아무래도 이상해. 아직 용의선상에서 배제하면 안 될 것 같아."

"그렇다면 과연 범인은 누구일까? 사망자와 아는 사이면서 새벽녘에 이곳에 있을 사람말이야."

"범인은 둘 중 하나일 거야. 즉, 사망자의 남편이거나 피해자의 친척 또는 피해자가 알고 있는 사람들 중 한 명이 아닐까 싶어."

"그럼 계속 남편을 주시하면서 사건과의 관련성도 지속적으로 알아봐야겠어."

사망 추정 시간과 남편이 퇴근하는 시간은 한두 시간밖에 차이가 나지 않아 남편을 용의선상에서 완전히 제외시킬 상황은 아니었다. 여유롭게 범행 현장을 깨끗하게 치우고 걸레까지 빨아 놓을 수 있는 사람은 누구일지 생각해 보면 또한 자연스럽게 남편을 의심할 수밖에 없었다. 경찰에 신고한 사람은 남편이지만 어떻게 아내가 사라졌다 하여 베란다 창고까지 열어볼 수 있었을까? 그리고 보니 남편의 그동안 행동이 그렇게 슬퍼 보이지도 않았을 뿐더러 부자연스러운 모습과 목의 상처 등을 보면 범인일 가능성도 매우 높았다. 비록 남편이 범인이라는 결정적인 증거는 나오지 않은 상태 였으나 사건 해결을 위해서는 모든 가능성을 고려해야 하기 때문에라도 남 편을 용의선상에 넣을 수밖에 없었다.

이후 남편에 대해 집중적인 조사가 진행되었다. 남편의 바지 및 의류 등 이 혈흔 검사를 위해 국립과학수사연구소에 의뢰되었고, 그의 아침 행적에 관한 추가적인 수사가 시작되었다.

## 사건은 점점 미궁 속으로

사건 당일 남편의 행적에 대해서는 다방면으로 탐문 수사가 계속되었다.

"남편의 직장 동료들의 진술에 따르면 사건 당일 그는 업무가 끝난 아침 7시 정도에 바로 집으로 간 것 같아. 그리고 결정적으로는 경비 아저씨가 정확한 시간은 기억하지 못하지만 아침에 남편이 집으로 들어가는 것을 분 명히 목격했다고 주장했어."

큐가 앤에게 그동안의 조사 결과를 말했다.

"그렇다면 남편은 전혀 이 사건과 관련이 없다는 거네. 분명 그 시간대에 있었던 사람은 남편뿐인데……. 이해가 안 가네. 하지만 그래도 아직까지 여러 정황상 남편을 완전히 배제할 수는 없을 것 같아."

"하지만 남편의 알리바이는 꽤 명확한걸. 그러니 수사 방향도 일부 수정 할 필요가 있어."

큐가 매우 난감한 표정으로 심각하게 얘기했다.

"그러면 사망자는 남편도 아닌 사람에게 왜 새벽에 문을 열어 주었을까?

정말 이해가 안 가는 상황이야."

 감정 결과

사건이 미궁으로 빠진 채 수사는 계속 헛바퀴만 돌리고 있었다. 사망자의 주변 인물들을 수사했지만 일부의 사실만 밝혀냈을 뿐 새로운 사실은 나타나지 않은 채 시간만 계속 흘러갔다. 며칠 후 사건 현장에서 채취한 혈흔과 모발, 남편의 옷 등의 유전자 분석 결과가 통보되었다. 결과는 더욱 더 실망스러웠다.

"국과수의 감정 결과도 도착했어. 현장에서 검출된 혈흔의 유전자 분석 결과 모두 사망자의 유전자형만 검출되었을 뿐 다른 사람의 유전자형은 전혀 없었어. 남편의 옷에서도 역시 아무런 혈흔이 검출되지 않았고 말이지."

"앤, 그러면 일단 남편을 용의선상에서 배제하고 다른 방향으로 수사를 진행해 보자."

수사에 아무런 진전이 없는 채 사망자의 주변을 조사하느라 며칠이 또 흘렀다. 하지만 이렇다 할 용의자는 나타나지 않았다. 더 이상 증거가 될 만한 것 또한 없었다. 유일하게 추가된 사실은 피해자의 손톱에서 섬유가 검출되었다는 감정 결과뿐이었다. 그래도 이것은 그나마 범인이 검거된다면 그 사람이 입고 있던 옷의 섬유와 동일성 여부를 비교할 수 있는 유일한 증거가 될 수 있었다.

한편 지속적으로 이루어지고 있던 탐문 수사에서는 피해자 주위 사람들로부터 뜻밖의 얘기를 들을 수 있었다. 사망자가 보험 판매원을 하고 있어 평소 많은 사람을 만났으며 친하게 지내는 사람도 많다는 진술을 확보한 것이다. 이를 기반으로 하여 한 걸음 더 나아가 사망자와 교류가 있던 사람들을 상대로 사건 당일의 사망자 행적에 대해 집중적으로 수사를 진행했다. 그리하여 사망자의 전화 통화 내용을 바탕으로 사망자와 자주 연락을 주고받은 몇 명을 자세하게 조사하기로 하였다.

"앤, 이 용의자들의 옷의 섬유 성분과 사망자 손톱에서 검출된 섬유의 동일성 여부를 의뢰하자."

"좋은 생각이야. 아직까지는 용의자와 비교할 수 있는 증거물이 전혀 없는 상태니까 어쩔 수 없지."

"그런데 섬유의 동일성 여부에 관한 조사는 정확할까?"

"글쎄, 옷의 종류가 다양한 만큼 정확도는 높지 않을까?"

"그런데 비슷한 종류의 옷이 많아서……."

## 섬유의 종류를 감정할 수 있을까?

모든 사람은 옷을 입고 있고, 그 옷을 만드는 섬유의 종류는 매우 다양하다. 섬유의 종류를 크게 나누면 식물에서 얻는 면 섬유, 동물에서 얻는 모 섬유 외에도 나일론, 아크릴, 폴리에스테르와 같이 화학적으로 합성한 섬유 등이 주를 이룬다. 현미경으로 보면 섬유는 매우 가늘고 긴 형태의 조직으로, 접촉에 의해 쉽게 떨어져 나올 수 있어 사건 현장 등에 떨어져 있을 확률이 높다. 따라서 현미경 및 특수 검사를 통하여 섬유의 종류를 감정하고 이에 따라 용의자의 옷과 동일성 여부를 판단한다.

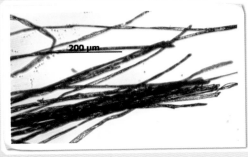

섬유의 현미경 사진

앤과 큐는 용의선상에 있는 사람들 중 혐의점이 있는 5명의 옷 등을 국립과학수사연구소에 의뢰, 사망자의 손톱에서 발견한 섬유와 동일성 여부를 실험했지만 의미 있는 결과는 얻지 못했다. 또한 혈흔 검출 시험에서도 아무런 반응이 없었기 때문에 사건의 해결은 더욱 멀어지는 것 같았다.

## 남편의 목에 남은 상처

"이러다가 영원히 안 풀리는 거 아냐?"

큐가 답답한 심정으로 말을 꺼냈다.

"큐, 그런데 내가 저번에 말한 것 기억 나? 남편의 목에 상처가 있었다고 했잖아."

"아, 맞아! 목 부분에 긁힌 흔적이 있었다고 그랬지? 혹시 사망자와 싸우는 과정에서 목 부분이 긁힌 것 아냐?"

"사망자가 손톱으로 살갗을 긁으면

피살자 남편의 목에 난 상처

손톱 밑으로 상대방의 체세포가 떨어져 나올 수 있잖아? 우리 눈에는 안 보이지만 잘 관찰하면 남편의 체세포를 발견할 수 있을지도 몰라."

"섬유 동일성 여부를 실험한 손톱을 소중하게 보관해 달라고 당장 국과수에 전화를 하자. 그 손톱으로 유전자 분석을 다시 의뢰해야겠어."

"이 생각을 진작 했어야 하는 건데! 왜 이제야 떠오른 걸까? 섬유 동일성 여부에만 신경 쓰느라고 미처 생각을 못한 것 같아. 혹시 섬유 동일성 여부 실험을 하다가 손톱 밑에 있었을지도 모르는 다른 사람의 체세포가 오염되거나 분실됐으면 어쩌지?"

규는 국립과학수사연구소에 전화를 해 사망자의 손톱으로 다시 유전자 분석을 할 수 있는지를 문의하였다.

"임 박사님, 손톱으로도 유전자 분석이 가능한가요? 손톱에 범인의 체세포가 묻어 있다면 범인의 유전자형을 검출할 수 있을까요?"

"당연히 가능하지요. 강력사건의 경우 서로 다투는 과정에서 손톱에 가해자의 체세포가 떨어져 나올 가능성이 꽤 있어요. 매우 적은 양이지만 잘 채취해서 분석하면 충분히 범행 장본인의 유전자형을 구할 수 있지요."

"사실 저희가 의뢰한 증거물이 있습니다. 사망자의 손톱에서 섬유 동일성만 실험해 달라고 요청했는데 나중에 상황을 보니까 유전자 분석도 해야 할 것 같아서요."

"아, 그래요? 어떤 사건인지 말씀해 주시면 최선을 다해 보지요."

### 손톱으로 범인을 잡을 수 있을까?

사건 당시 피해자(또는 피살자)가 가해자(또는 살해자)와 다투었거나 가해자에게 반항을 했을 때 이 과정에서 피해자의 손톱 밑에 가해자 옷의 섬유, 체세포 등이 묻어 있을 수 있으며, 이것은 사건 후에도 미세하게 남아 있을 수 있다. 따라서 이에 대한 섬유 동일성 분석 또는 유전자 분석을 하면 가해자를 확인할 수 있다.

## 손톱 밑에서 나타난 범인의 유전자

수사는 사망자의 주변 사람들을 대상으로 계속되었다. 몇 명에게 심증이 갔지만 모두 범행 사실을 부인하고 있는 터여서 확실한 증거도 없이 섣불리 그들을 검거할 수는 없었다.

"큐, 저번에 의뢰한 감정이 어느 정도 진행됐는지 박사님한테 전화를 해보자. 정말 궁금해."

피해자의 손톱에서 실시한 유전자 분석 결과가 매우 궁금했던 앤은 아침부터 서둘러 큐를 찾아왔다. 큐도 결과가 어떻게 나올지 신경을 쓰고 있던 중이어서 앤이 말을 꺼내자마자 임 박사에게 전화를 걸었다.

"안녕하세요, 박사님. 저번에 부탁드린 유전자 분석 실험은 끝나셨는지요?"

"그렇지 않아도 중요한 사건이라 그날 바로 손톱을 가져다가 실험을 했어요."

"결과는 나왔나요?"

큐가 재촉하듯 다시 물었다.

"아마 조금 더 기다리면 결과를 볼 수 있을 거예요. 대략 한 시간 후에는 나올 것 같아요."

"네, 그럼 잠시 후에 다시 전화 드리겠습니다."

앤과 큐는 그동안의 수사 내용을 검토하면서 한 시간을 보냈다. 결과에 따라서는 사건이 종결될 수도 있다고 생각하니 기다리는 시간이 매우 길게 느껴졌다. 초조한 한 시간이 흐르고 난 후 큐는 다시 전화를 하였다.

"박사님, 결과가 나왔습니까?"

"네, 정말로 흥미로운 결과가 나왔네요. 사망자의 손톱 밑에서 남성의 유전자형이 검출되었어요."

"네? 남성의 유전자형이요?"

"네. 섬유 감정이 끝난 손톱을 가지고 와 조심스럽게 필터페이퍼에 올려놓고 현미경으로 관찰하다가, 용의자의 체세포가 있을 만한 손톱 아랫부분을 거즈로 닦아서 유전자 분석에 들어갔지요. 보통 살인사건이나 강간사건 등에서 피해자의 손톱이 의뢰되는 경우가 많은데, 대부분의 경우 피해자의 유전자형만이 검출되기 때문에 이번에도 그렇게 큰 기대는 안 했어요. 그런데 이번에는 잘됐어요. 나도 너무 흥분되어 기분이 날아갈 것 같아요. 힘들게 일하면서도 이런 때 가장 큰 보람을 느끼지요."

"감사합니다. 박사님. 그런데 궁금한 점이 하나 있습니다. 어떻게 눈에 보이지도 않을 정도로 그렇게 적은 양에서도 유전자형 검출이 가능한지요? 어느 정도의 소량에서까지도 유전자 검출이 가능한 건가요?"

"큐 수사관님도 생물 시간에 배우셨을 거예요. 세포 하나하나는 약 60억 개의 유전자 정보를 갖는데, 우리 몸은 약 60조 개의 세포로 이루어졌답니다. 그리고 각 세포에는 모두 유전자를 포함하는 핵이 들어 있지요. 따라서 몸을 이루고 있는 세포의 극히 일부만 떨어져 나와도 이를 분석하면 같은 몸에 있는 다른 세포들과 비교할 수 있어요. 1985년에 중합효소연쇄반응 (Polymerase Chain Reaction, PCR)이라는 방법이 개발된 이래 유전자 검출 기술은 꾸준히 발전해서 현재는 극히 소량의 샘플로도 DNA 분석이 가능한 수준에 이르렀답니다. 그래서 성공적으로 유전자형을 찾아내 범인을 검거하는 데 많은 도움이 되고 있지요."

"그렇군요. 감사합니다. 이제 그럼 저희는 어떻게 해야 하나요?"

"용의자의 구강채취물을 빨리 확보해서 보내 주세요. 최대한 빠른 시간 내로 분석해서 범인을 가려내야 하니까요."

"앤! 내가 문제 하나 낼까?"

"그래! 뭔데?"

"세포와 섬유 중 어느 것이 더 범인을 찾아내는 데 유리할까?"

"큐 다운 질문이다! 그것도 질문이라고. 글쎄, 사람의 세포는 60조 개 정

도 그리고 옷은…… 잘 몰라!"

"그럼 숙제야. 다음에 만날 때까지 좀 알아다 주었으면 좋겠어. 매우 중요한 문제야. 이것을 알아야지 나중에 어떤 것을 먼저 채취할 것인가를 결정하지."

"와! 그런 생각까지 하다니 대단하다, 큐."

## 구강채취물이란?

유전자 분석을 위해 멸균된 면봉 및 채취 키트를 사용해서 용의자의 구강 내벽을 긁어서 체세포를 채취한 것.

## 사건의 해결

이제 범인의 유전자형이 성공적으로 검출되었으니 사건은 순조롭게 해결될 수 있을 것이다. 용의자들과 유전자형을 비교하여 동일한 사람만 나타나면 사건은 극적으로 해결되는 것이었다. 때문에 앤과 큐는 사망자가 생전에 친하게 지낸 사람들과 남편의 구강채취물을 확보해서 국립과학수사연구소로 서둘러 달려갔다.

"앤, 과연 누구하고 일치하는 결과가 나올까? 지금까지의 수사 상황으로 보아서는 딱히 누구라고 결론을 낼 수가 없는 상황인데……. 궁금하군."

## 유전자 분석을 하는 데 보통 얼마의 시간이 소요될까?

보통 유전자 분석 기간은 현장에서 채취한 증거물의 다양성 정도와 분석 목적에 따라 매우 다르다. 예를 들어 구강채취물 같은 경우는 비교적 쉬운 편이어서 최대한 신속하게 처리할 경우 약 하루면 결과를 얻을 수 있는 반면에 뼈와 같은 증거물은 다른 증거물보다 분석하는 데 시간이 상대적으로 더 많이 소요된다. 또 목적에 따라서 핵DNA STR형 분석, 미토콘드리아 DNA 분석, Y-STR 분석, X-STR 분석 등 여러 분석 방법이 있는데, 여러 요소를 분석할 경우 그만큼 많은 시간이 소요된다.

다음날 오후 늦게 기다리던 결과가 나왔다.

"큐, 범인이 누구일 것 같아? 남편? 다른 사람들? 우리가 처음에 사망자의 손톱을 생각한 것은 남편의 목에 난 상처를 보았기 때문이었는데, 정작 범인은 다른 사람이었어."

"그럼 사망자와 친한 사람 중 한 명이구나."

"맞았어! 범인을 빨리 검거하고, 그 사람이 살고 있는 집을 압수수색해서 추가 증거물을 확보해야 할 것 같아."

앤과 큐는 용의자를 검거해서 범행 동기를 조사하는 한편 추가 증거물을 확보하기 위해 용의자의 집을 수색해서 용의자의 옷과 양말 등을 국립과학수사연구소에 의뢰하였다.

용의자에게 큐가 물었다.

"도대체 왜 사람을 죽였습니까?"

"그날 그 사람이 제게 전화를 해 '할 말이 있으니 집으로 오라'고 해서 집으로 갔지요. 빌린 돈 문제로 몇 시간을 옥신각신하다가 싸움이 벌어졌습니다. 그녀가 제 옷을 잡고 거세게 밀어붙이기에 저도 그녀를 밀었습니다."

용의자는 한숨을 내쉰 뒤 계속 말을 이어갔다.

"그런데 그녀가 일어나더니 다짜고짜 제 뺨을 세게 때리는 것이었습니다. 피가 거꾸로 도는 것 같았습니다. 그 다음은 모르겠습니다. 저도 모르게 그녀에게 폭행을 가한 것 같습니다. 제가 잘못했습니다. 아무리 그래도 참아야 했는데……."

"걸레로 사건 현장을 모두 닦은 것 같은데 어떻게 된 것인가요?"

"범행이 탄로날까 봐 그 사람을 베란다의 창고에 옮겨 놓고, 핏자국을 없애기 위해 걸레로 안방과 거실을 모두 깨끗하게 닦아 낸 후 걸레는 베란다에 빨아 놓고 문을 안으로 잠그고 나왔습니다."

용의자의 자백까지 받아 내자 앤과 큐는 그제야 긴장이 조금이나마 풀리는 것 같았다.

"앤, 괜히 처음에 남편만 의심했잖아."

"그때는 정황상 그럴 수밖에 없었잖아. 누가 그런 상황이 있으리라고 생각이나 했겠어? 다행히 손톱에서 유전자형이 검출됐으니 망정이지 그렇지 않았으면 어떻게 되었을까? 영원히 미제 사건으로 남았을 거야."

"맞아, 앤. 정말 작은 것, 눈에 보이지도

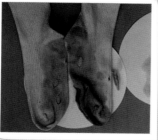

● 위 사진은 피해자의 손에서 잘라낸 손톱이다. 눈에 보이지는 않지만 미세한 용의자의 체세포가 다투는 과정에서 손톱에 긁혀 손톱 아래에 묻은 상태로 있었다.
아래 사진의 양말은 용의자가 범행 시 신은 것으로, 범행 후 세탁을 한 상태였다.

않는 세포들이었지만 사건을 해결하는 데 결정적인 역할을 했어. 이제는 정말 아주 작은 증거물도 소중하게 다루고, 항상 머리로 과학적인 수사를 해야 할 것 같아."

나중에 국립과학수사연구소로부터 추가로 의뢰한 증거물의 감정 결과를 통보받았다. 범인은 범행 후 옷을 모두 세탁하여 옷에서는 혈흔이 검출되지 않았지만 범인의 양말에서 약한 혈흔이 검출되어 유전자 분석을 한 결과 사망자와 같은 유전자형임이 밝혀졌다.

# 사건 속에 숨어 있는
## 1인치의 과학

### 손톱 이외에 범인을 찾을 수 있는 단서가 우리 몸에 있을까?

인체의 모든 요소는 범인을 찾을 수 있는 단서가 될 수 있다. 혈흔, 혈액, 질 내용물 (혹은 정액), 모발, 타액(침), 조직, 뼈, 치아, 심지어는 소변 및 대변 등도 범인을 입증하는 데 활용될 수 있다. 강력사건 현장에서 가장 흔하게 발견되는 것이 혈흔 및 혈액으로, 이것들은 소량만 있어도 혈액형 및 유전자 분석이 가능하다. 또한 강간사건 등의 성범죄와 관련된 사건에서는 질 내용물 및 정액 등을 분석할 수 있다. 타액을 채취할 수 있는 대표적인 증거물로는 담배꽁초가 있다. 담배를 피우면 사람의 입 안에 있는 타액이 담배의 필터 부분에 묻는데 타액과 같이 분비되는 물질에서 혈액형을 알아낼 수 있고, 유전자 분석은 담배꽁초에 타액과 같이 묻어 있는 구강상피세포를 분석함으로써 이루어진다. 이외에도 조직, 뼈, 치아 등에서도 범인을 찾을 수 있는 단서를 찾을 수 있다. 또한 흔하지는 않지만 소변 및 대변 등에서도 혈액형 및 유전자 분석을 하는 경우가 있다. 소변 및 대변에는 요도 및 장점막 세포 등이 배설물과 함께 배출되기 때문이다.

실제 현장의 담배 꽁초

현장에서 수집된 증거물

### 과학수사에서 유전자 분석은 언제부터 시작되었을까?

1985년 영국의 유전학자인 알렉 제프리스 (Alec Jeffreys) 박사는 개인을 식별할 수 있는 유전자를 찾아냈다. 유전자는 개인마다 다르기 때문에 사람의 지문처럼 개인을 식별할 수 있어서 'DNA 핑거프린팅'이라 불렀다. 제프리스 박사는 염기서열이 반복되는 부분을 포함하는 DNA의 부위를 발견하였으며, 사람마다 반복되는 염기서열의 숫자가 다르다는 사실을 알아냈다. 제프리스 박사는 이 부분을 분석함으로써 개인을 식별하는 것이 가능함을 확인시켜 줬다. 이 분석 방법은 당시 영국에서 일어난 성범죄에 의한 살인사건에 처음으로 적용하여 범인을 검거하는 데 결정적인 역할을 하였다.

알렉 제프리스

지문

CASE *4*

# 뺑소니 차량을 찾아라!

# 사건의 주요 내용

○ 저녁이 되어 어두워질 무렵 서울 인근의
왕복 2차로 도로에서 교통사고가 일어났다. 할머니 한 분이 지나가던 차에
치였지만 운전자는 피해자를 병원으로 옮기지도 않고 뺑소니를 치고 말았

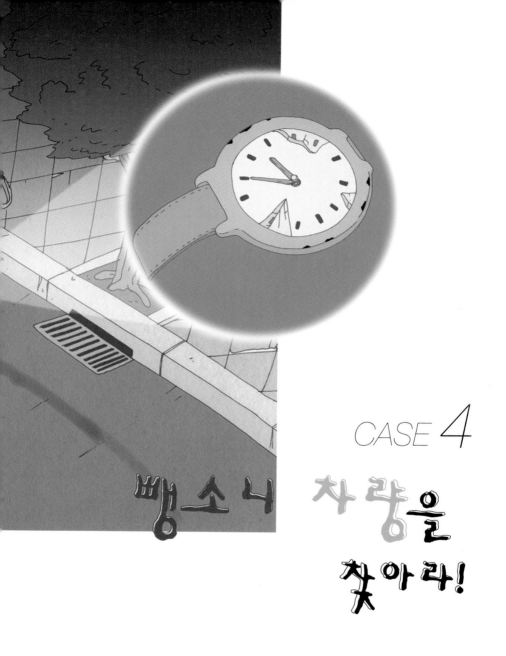

# CASE 4

# 뺑소니 차량을 찾아라!

다. 다행히 때마침 퇴근을 하고 집으로 가던 사람에게 발견된 할머니는 병원으로 옮겨져 목숨은 건졌지만 뼈가 부러지는 중상을 입었다. 목격자도 없는데다 사고를 낸 차량은 이미 도주했는데 어떻게 범인을 검거할 수 있을까?

## 신고자의 증언

"큐, 이번엔 교통사고야. 할머니 한 분이 크게 다치셨대."

"뭐, 교통사고야 매일 일어나는 거 아냐?"

"이번 사고는 달라. 할머니를 친 다음에 운전자가 구호조치도 안 하고 도망쳤다는 거야. 다행히 뒤에 오던 차량의 사람이 발견하고 신고를 했으니 망정이지 하마터면 목숨을 잃을 뻔했다는군."

"참 나쁜 사람이네. 사고까지 내고 뺑소니를 치다니! 교통사고가 나면 반드시 응급조치를 취해야 하잖아. 곧바로 응급조치를 안 하면 목숨을 잃을 수도 있으니 말이야."

"그건 기본 상식 아냐? 그 사람은 영원히 안 잡힐 줄 알고 도망을 한 것일까? 분명히 언젠가는 잡히고 마는데 왜 뺑소니를 치는 걸까? 참 이해가 안 돼."

"자, 빨리 현장으로 가 보자."

사고가 난 도로는 평소 사람의 왕래가 그렇게 많지 않은 곳으로 차량 통행도 뜸한 편이지만, 인근에 공장이 있어 출퇴근 시간에는 꽤 많은 차들이 지나가는 곳이었다. 사고 지점은 횡단보도에서 약 20미터 정도 떨어진 곳이었고, 할머니는 인근의 마을을 다녀오다가 변을 당한 것이다. 이 길은 마을로 가는 지름길이고 차량의 통행이 많지 않아서 마을 사람들은 습관적으로

스키드마크

무단횡단을 해 왔다고 한다. 몇 년 사이에 이곳에서만 세 번째 사고가 났다. 마을 사람들이 가로등 설치와 과속방지턱을 설치해 줄 것을 해당 지방자치 단체에 계속 요구하였지만 매번 무시당했다 한다.

**앤**과 **큐**는 수소문 끝에 최초 신고자를 만날 수 있었다. 그에게서 발견 당시의 상황을 들어 보기로 했다.

"처음 발견할 당시 할머니는 길가에서 고통으로 신음을 하고 계셨습니다. 할머니가 누워 있던 곳은 차량 진행과 반대 방향이었는데, 전혀 움직이지 못하시는 것으로 보아서 많이 다치신 것 같다는 느낌을 받았지요. 그래서 바로 경찰서와 119 구급대에 신고를 했습니다. 구급차가 올 동안 할머니를 편안하게 누이고 차에 있던 천으로 덮어 드렸고요. 5분도 안 돼서 구급차가 도착하고 할머니가 병원으로 옮겨진 것을 본 후에 제 일을 보러 갔습니다."

"고생하셨습니다. 아저씨 같은 분만 계시면 범죄가 없을 텐데요. 혹시 할머니께서 어느 병원으로 가셨는지 아시나요?"

"글쎄요, 어느 병원인지는 모르겠고 아마 근처에 있는 종합병원인 것으로 생각됩니다."

## 조심스러운 현장감식

**앤**과 **큐**가 현장에 도착했을 때 날은 이미 어두워져서 아무것도 보이지 않았다. 사고 현장이 훼손되면 안 되기 때문에 조명을 켠 다음 감식을 진행하였다.

현장 도로 주위에는 그곳이 사고 다발 지역임을 대변이라도 하듯 스키드

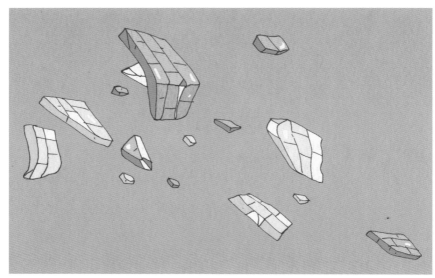

차량 파편들

마크(차량의 급제동 및 충돌로 바퀴가 정지된 상태에서 미끄러지면서 타이어와 도로의 마찰로 생성된 자국)가 몇 개 있었는데, 피해자가 있었던 곳에서 가장 가까운 거리에 있는 것이 사건과 직접적인 관련이 있는 것으로 판단되었다. 스키드마크는 약 7m 정도였는데, 이 정도 거리면 사고차량의 속력은 그다지 높지 않았던 것 같았다.

"앤, 차량이 어느 정도의 속도로 달렸는지 계산을 좀 해 줘. 난 머리 쓰는 것을 아주 싫어한단 말야."

"큐, 공부시간에 매일 졸더니……. 거 봐, 이렇게 갑자기 써먹을 줄은 몰랐지? 그러니까 평소에 열심히 공부하라고 부모님들이 그렇게 입이 닳도록 말씀하시는 거야."

"알았으니까 잔소리 좀 그만해. 까짓거, 인터넷에서 찾아보면 되지, 뭐."

앤의 잔소리에 살짝 뽀로통해진 큐가 인터넷으로 스키드마크에 의한 사건 당시의 추정 속력 계산 공식을 검색하였다. 공식에 적용되는 이론은

에너지 보존의 법칙 및 중력 가속도 이론이고, 스키드마크에 의한 추정 속력 계산 공식은 다음과 같았다.

**추정 속력 계산 공식**

• $v = \sqrt{254 \cdot f \cdot s \pm 구배값}$

($v$ = 추정속력 $f$ = 마찰계수 $s$ = 스키드마크 길이)

구배값 : 5%구배 = 0.05(오르막길 +, 내리막길 −)

"이 공식에 대입하면 되겠군. 아스팔트길이고, 사건 당시 길은 건조한 상태였으니 마찰계수는 0.8, 그리고 스키드마크 길이가 7m 정도니까 이것들을 계산식에 대입하면…… . 어디 보자, 약 37.7km/h 전후로 나오는군. 이정도 속력이면 그렇게 빨리 달린 건 아닌데. 아마 조심은 한다고 했는데 어두워서 할머니를 못 발견한 것 같아. 그래도 충격은 엄청났을 거야."

"큐, 괜히 엄살 한번 떨어 본 거였구나? 그렇게 금세 계산할 것을."

큐는 앤의 칭찬도 짐짓 못 들은 척 다음 설명을 이어 나갔다.

"할머니의 위치로 보아서는 길을 거의 다 건넌 할머니의 몸 뒤쪽과 차량

의 오른쪽 범퍼가 부딪친 것 같아. 할머니는 자동차가 진행하는 방향과 반대 방향으로 누워 계셨다고 하니까 차에 치임과 동시에 옆으로 퉁겨 나간 것 같고. 앤, 네 생각은 어때?"

"음, 내 생각도 거의 같아."

피해자는 스키드마크의 오른쪽 뒤 길가 쪽에 비스듬히 누워 있었다. 스키드마크가 중앙선을 넘어 반대 차로에까지 나 있는 것으로 보아 사고차량은 할머니를 발견하고 급히 핸들을 꺾었지만 이미 늦은 시점이었던 것으로 판단되었다.

"앤, 차량의 다른 흔적이 도로에 떨어져 있는지 자세히 보자고. 차량 사고 시에는 차량의 전조등, 미등 등이 깨지는 경우가 많거든."

앤과 큐는 사고 지점의 도로 위를 샅샅이 살폈다. 그러나 날이 어두워서 제한적으로 감식을 진행할 수밖에 없었기 때문에, 다음날 좀 더 자세히 감식하기로 하였다.

"앤, 혹시 이거, 차량에서 깨져 나온 것은 아닐까?"

큐가 작은 유리조각을 들고 앤에게 말했다.

"음. 아무래도 장 박사님께 여쭤 보는 것이 좋을 것 같다."

앤은 교통사고 조사 전문가인 장 박사에게 전화를 걸었다.

"장 박사님, 교통사고를 낸 후 뺑소니를 친 사건이 일어났는데, 사건 현장에서 유리 조각을 발견했어요. 작은 조각까지 모두 수거했는데 또 다른 증거가 될 만한 것들은 없을까요?"

"사건을 해결하는 데에는 사건 현장에서 발견되는 작은 단서들이 결정적인 역할을 하는 경우가 많습니다. 특히 뺑소니 교통사고의 경우에는 사고 당시 가해차량에서 떨어져 나온 조각들이 뺑소니 차량을 규명하는 데 있어 매우 중요합니다. 가해차량을 추적하는 결정적인 단서가 될 수 있거든요.

그래서 현장에서 발견된 차량 파편은 아무리 작은 것이라도 소홀히 하면 안 됩니다. 그리고 피해자의 옷 등에도 가해차량의 페인트 자국 등이 남아 있는지를 정밀하게 관찰하세요. 페인트를 분석하면 차종과 생산연도 등을 알 수 있기 때문에 가해차량 수사의 범위를 좁혀 나갈 수 있거든요. 그러니 파편과 피해자가 입은 옷 등을 모두 수거하여 검사를 의뢰하면 정밀하게 분석할 수 있을 겁니다."

"네, 감사합니다."

앤과 큐는 저녁 늦은 시간까지 감식한 결과와 가해차량에서 떨어져 나온 것으로 보이는 전조등의 조각으로 추정되는 유리 등을 현장에서 수거하여 국립과학수사연구소에 의뢰하였다.

# 우연한 목격자

다음날 아침이 되자마자 앤과 큐는 현장으로 갔다. 밝을 때 보니 밤에 본 것과는 또 다른 모습이었다.

"앤, 나는 이 현장을 정밀하게 감식하고 동네 사람들 중에서 목격자를 찾아볼 테니까 앤은 지금 병원에 계시는 할머니를 찾아가서 당시 상황을 들을 수 있으면 들어 봐. 할머니가 너무 심하게 다치셨으면 할 수 없고. 그리고 할머니가 입었던 의류도 조심스럽게 수거했으면 좋겠어. 혹시 용의차량이 확보되면 차량에서 할머니 옷의 섬유가 발견될 수도 있거든."

앤과 큐가 백방으로 뛰었지만 새로 얻은 결과는 없었다. 그러나 인근 마을 사람들에 대한 탐문 수사 결과 다행히 사건 현장에서 멀지 않은 곳에 사는 사람이 우연히 사건 현장을 목격했다는 것을 알아냈다. 큐는 목격자를 찾아가 당시의 상황에 대해 물었다.

"당시 상황은 어땠습니까?"

"저녁을 먹고 우연히 집 앞에 바람을 쐬러 나왔을 때였어요. 갑자기 차가 급정거하는 소리와 함께 쿵 하는 소리가 나서 그곳을 쳐다보았더니 차 한 대가 서 있더군요. 운전자는 창문을 열고 잠시 주춤하다가 그대로 속력을 내서 도망갔습니다. 그땐 별 것 아닌 것 같아서 신경을 안 썼는데, 잠시 후 구급차가 도착해서 사람을 싣고 가는 것을 보고서야 사고가 난 줄 알았지요."

"몇 시쯤이었나요?"

"제가 7시 반에 저녁을 먹었고, 설거지까지 하고 나왔으니까 한 8시 반 정도 되었던 것 같습니다."

"차량은 어떤 색이었습니까?"

"검은색 같았지만 멀리서 보았기 때문에 확실하지는 않습니다. 게다가 날도 어두웠으니까요."

"차종은 기억나십니까?"

"차종은 잘 모르지요. 촌에 사는 사람이 무슨 차인지를 어떻게 알겠어요. 하지만 일반 승용차는 분명 아닌 것 같았고 그렇다고 큰 트럭도 아니었던 것 같고……. 아이고, 잘 모르겠어요."

"네, 감사합니다."

이 정도의 단서만 해도 사건 해결에 중요한 실마리가 될 수 있다. 사건을 목격한 사람의 진술로 보아서 가해차량은 검은색 계통으로 승용차 종류는 아닌 것 같았다.

한편 앤은 할머니의 진술을 듣기 위해 병원에 갔지만, 공교롭게도 할머니가 수술 중이어서 할머니가 회복된 이후로 조사 시기를 늦출 수밖에 없었다. 그러나 다행히 할머니의 담당 의사를 만날 수 있었는데, 그는 할머니의

골절 부위와 상처 등으로 보아 승용차보다는 지프 종류의 차량에 의한 사고 같다고 앤에게 말했다. 물론 2차적인 충격에 의한 것일 수도 있지만 분명히 2차 충격에 의한 것으로는 안 보인다는 것이다.

## 할머니와의 인터뷰

다음날이 되었다. 앤은 할머니의 진술을 듣기 위해 또다시 병원으로 갔고, 큐는 국립과학수사연구소로부터 통보 받은 감정 결과를 바탕으로 하여 용의차량을 추적하기로 하였다.

국립과학수사연구소의 감정 결과에 따르면 이번 사건의 현장에서 발견된 유리 파편에서 일부의 글자를 읽을 수 있었는데, 이를 바탕으로 차량의 제조사 및 제조연도가 밝혀졌다. 제조사는 삼진전기였으며 1995년 2월 20일 670개, 2월 21일 500개, 2월 22일 670개, 3월 17일 870개 등이 납품된 제품이었다. 이들 제품은 그해 2월 20일부터 3월 초까지 K사의 H차종 조립에 사용된 것으로 확인되었다. 차종은 예상대로 지프의 일종이었으며 약 2,000대가 만들어져 팔린 것으로 조사됐다. 그 중 검은 색 계통의 차를 소유한 사람에 대한 차적 조회를 한 결과 경기도에는 100여 대가 있었고, 사고 마을 인근의 지역에 주소를 두고 있는 것은 5대였다. 따라서 큐는 그 다섯 대의 소유주의 사건 당일 행적을 조사하기 위해 그들의 현재 거주지를 모두 파악하였다.

한편 앤은 어느 정도 회복된 할머니의 진술을 들었다. 할머니는 아직 정신이 없어 보였지만, 시간이 흐르면 흐를수록 기억은 흐릿해질 뿐만 아니라 범인이 사건과 관련된 흔적을 모두 없앨 경우에는 사건 해결이 그만큼 어려워지기 때문에 조심스럽게라도 할머니로부터 진술을 확보해야 했다.

"할머니, 제 말 들리세요?"

할머니는 가까스로 눈을 뜨고 을 보았다.

"할머니, 그때 상황을 기억하세요?"

"으음……. 나는 길을 건너던 중이었어요. 거의 다 건넜다 싶었는데 뒤에서 갑자기 차가 나를 들이받았고, 그 다음에는 전혀 기억이 나지 않아요."

"할머니, 할머니를 치고 달아난 범인을 잡으려면 사건 당시 입으신 옷을 제가 좀 가져가야 해요. 괜찮으시겠어요?"

"아, 그래요. 입원하면서 저기 보자기에 싸 놓았는데……. 혹시 나를 친 사람을 잡았어요?"

"아니요, 아직 못 잡았습니다. 잡으려고 하는 거예요."

은 할머니의 옷을 싸고 있는 보자기를 조심스럽게 풀었다.

"어, 할머니, 이 시계는 그 당시 차고 계셨던 건가요?"

"네, 우리 큰아들이 해 준 거예요. 거기 반지도 있을 텐데……."

"네, 여기 있어요. 옷하고 시계는 나중에 조사가 끝나면 꼭 돌려드릴게요. 몸조리 잘 하시고 빨리 건강을 회복하시길 바랄게요. 할머니."

은 들고 나온 할머니의 시계를 바라보며 생각에 잠겼다.

'시계의 유리가 깨져 있는데 그럼 사고 당시 차량의 어느 곳엔가 부딪힌 모양이군. 그렇다면 이 시계에 혹시 그 차량의 페인트가 묻어 있지 않을까?'

은 나중에 용의차량과 비교분석하기 위해 수거한 옷과 시계, 반지 등의 검사를 국립과학수사연구소에 의뢰하였다.

## 용의차량 추적

　한편 큐는 용의차량 5대의 소유주에 대한 조사를 진행하고 있었다. 그 중 2명의 행적은 이미 밝혀졌고 사고 현장을 통과했을 가능성도 매우 적었기 때문에 나머지 3명에 대한 조사를 하기로 하였다. 이들의 거주지는 서로 멀리 떨어져 있어 일일이 다니면서 조사를 해야 했다. 하지만 낮에는 집에 아무도 없어 수사를 하는 데 어려움이 많았고, 따라서 일일이 연락처를 알아내어 찾아다닐 수밖에 없었다. 3대 중 2대의 차량은 인근 회사에서 일하고 있는 사람들이 소유한 것으로, 이들은 사고가 난 길로 출퇴근을 하고 있었다. 큐는 이 두 명을 유력한 용의자로 보고 먼저 조사하기로 하였다.

　한 명은 한 중소기업체의 영업직 직원으로 근무하고 있는 김진영 씨였다. 그가 다니는 회사에 전화를 하였지만 그는 외근을 나가 있는 상태여서 큐는 그의 휴대폰으로 전화를 하여 출두해 줄 것을 부탁하는 한편 다른 차에 대한 조사를 진행하였다. 다른 한 대의 소유주는 정상태 씨로, 인근 플라스틱 제품을 만드는 회사에 다니는 사람이었다. 마침 정상태 씨는 사무실에 있었기 때문에 조사를 할 수 있었다. 큐는 그의 소유 차량에 대한 수리흔적 여부와 그의 사건 당일 저녁의 행적을 조사했다. 조사 결과 차량은 전혀 수리한 흔적이 없이 깨끗했으며 사고 발생일 저녁에 그는 잔업을 한 것으로 확인되었다.

　마지막으로 나머지 한 명의 연락처를 찾고 있는 큐에게 김진영 씨로부터 전화가 왔다.

　"무엇 때문에 그러십니까? 제가 바빠서 갈 수가 없습니다."

　"그래도 수사에 협조를 해 주셔야 합니다. 그럼 몇 가지 먼저 물어보겠습니다. 이틀 전 저녁 시간에 무엇을 하셨지요?"

"친구들하고 술을 먹고 있었는데요."

"술을 드시고 몇 시에 집으로 가셨습니까?"

"밤 10시 반 정도에 친구들과 같이 집으로 갔습니다. 그리고 집에서 한 잔 더 했습니다."

"알겠습니다. 하여튼 늦게라도 조사에 응해 주셨으면 합니다."

"알겠습니다. 영업이 끝난 다음에 가 보겠습니다."

오후 늦게 김진영 씨가 큐를 찾아왔고, 큐는 그의 차량을 자세히 관찰하였다. 하지만 그의 차량에서도 전혀 수리한 흔적을 찾을 수 없었다. 큐는 마음이 조금 조급해졌다.

'감쪽같이 수리를 해서 알아보지 못하는 건 아닐까?'

용의자의 진술보다는 차량의 수리 여부가 더욱 객관적인 증거가 될 수 있기 때문에 큐는 그쪽에 더 무게를 두고 수사를 할 수밖에 없었다.

이제 한 사람이 남았다. 나머지 한 사람은 자영업을 하는 천인규 씨였다. 큐가 김진영 씨의 조사를 마치고 병원에 있다가 늦게 도착한 앤과 함께 천인규 씨의 집으로 찾아갔을 때는 밤 10시가 다 된 시간이었다. 천인규 씨의 집에 도착했을 때 그는 가게를 지키고 있었다.

"천인규 씨! 차량을 좀 봤으면 합니다."

"네? 무슨 차를……. 제 차는 저 뒤에 있는데요."

그가 머뭇거리며 대답했다. 앤과 큐는 안내하는 그를 쫓아서 차량이 있는 곳으로 갔다.

"여기에 불을 밝혀서 좀 환하게 할 수 없을까요?"

"네, 형광등을 모두 켜 드리겠습니다. 여기 랜턴도 있습니다."

"참 친절하시군요. 감사합니다."

앤과 큐는 차량의 구석구석을 열심히 관찰하였다. 특히 혹시 수리되었는지 여부를 알아보기 위해 차량의 전조등 부분을 세밀히 관찰하였다.

"앤! 여기 좀 봐!"

큐가 전조등 부위를 가리키며 말했다.

"저쪽 전조등하고 너무 차이가 나지? 오른쪽은 때도 없고 너무 깨끗하잖아. 할머니를 친 부분이 오른쪽일 거라고 했잖아. 우리가 분석한 것과도 일치하고 있어."

"그러고 보니 이쪽 전조등 위도 도색한 흔적이 보여. 불빛이 비치는 방향에 따라 덧칠한 흔적이 보이잖아."

"맞아, 진짜 그러네. 이 차가 맞는 것 같아."

앤과 큐가 작은 목소리로 소곤소곤 말을 이어 갔다. 큐가 몸을 돌려 뒤에 서 있던 천인규 씨에게 물었다.

"그제 저녁에 무엇을 하셨지요? 혹시 두하마을 근처에서 교통사고 난 것은 아시나요?"

"글쎄요, 저는 모르겠는데요. 그제 저는 친구들과 술을 마셨고, 차량은 제가 쓰지 않았습니다. 아마 썼으면 집사람이 썼을 것 같은데요. 아, 저기 제 처가 나오는군요. 한번 물어보세요."

천 씨의 부인으로 보이는 사람이 방에서 나오자 앤은 그녀에게 다가가 물었다.

"혹시 그저께 이 차를 쓰셨나요?"

"네, 썼는데요."

"아, 그날 두하리에서 뺑소니 교통사고가 일어났습니다. 그런데 목격자가 이 차량을 지목했어요."

"네? 말도 안 돼요. 저는 집에 있었어요. 사람들이 다 알고 있으니 동네 사람들한테 물어보세요."

"앞 전조등은 왜 바꾸셨습니까?"

천인규 씨가 앞으로 나서며 대답했다.

"집사람이 얼마 전 주차를 하다가 담을 받아서 갈았습니다. 그 흔적이라도 보여 드릴까요?"

확인 결과 실제로 담을 받은 자국이 있었다. 이들의 알리바이도 모두 들어맞는 것 같았다.

"그러면 도대체 어떤 차라는 거지? 우리가 생각한 차량이 다 아니라면 대체 뭐야!"

"큐, 아직 직접 검사를 하지 않은 그 두 차량이 아닐까?"

## 휴대전화 내역

사건 발생 사흘째가 되자 할머니의 옷과 시계 등을 실험한 결과도 국립과학수사연구소로부터 통보가 왔다. 할머니의 하의에 대한 정밀 감정 결과 허벅지 부분에서 충격 당시 눌린 흔적이 발견되었다. 그리고 손에 차고 있던 시계는 2차 충격에 의해 깨지면서 멈췄고, 시계의 테두리 부분에는 차량에 부딪히면서 묻은 검은색 페인트의 흔적이 있었다. 페인트에 대한 분석 결과 사건 현장을 목격한 목격자가 진술한 차량의 색과 일치하는 것으로 나왔다. 따라서 사고차량은 검은색의 K사 H차종이라는 것을 재확인할 수 있었다. 하지만 가장 유력하던 차량들이 모두 혐의점이 없는 것으로 밝혀지면서 수사는 미궁으로 빠지는 듯하였다.

"큐, 그런데 그 맨 마지막 사람, 표정도 그렇고 뭔가 숨기는 것 같아. 그 사람이 수리했다는 곳을 찾아가 보는 건 어떨까? 수리한 전조등을 찾아 교

통사고에 의한 것인지를 확인했으면 해."

"아, 그렇다. 그 정도는 확인해야지. 그런데 교통사고로 인한 것인지, 담에 충돌해서 생긴 것인지를 어떻게 구분할 수 있을까?"

"담에 충돌한 경우에는 긁힌 흔적이 있을 것이고, 사람을 친 경우라면 긁힌 자국이 없지 않을까?"

"맞아, 역시 앤이야. 그럼 내가 그 사람이 수리했다는 카센터에 가서 이전의 전조등을 가져올게."

"알았어. 나는 그 사람들의 주변을 좀 더 조사할게."

"아참, 앤! 그리고 그 사람의 휴대폰 통화 내용도 조사해 봐."

"응, 알았어."

큐는 용의자가 전조등을 교체했다는 카센터를 찾아갔다.

"천인규 씨가 차량의 전조등을 간 적이 있습니까?"

"네, 얼마 전에 갈고 갔습니다."

"그 사람이 직접 차를 가지고 왔었습니까?"

"네, 직접 가지고 왔습니다."

"그렇군요. 저는 사실 천인규 씨가 교체한 전조등을 가지러 왔습니다."

"왜 그러시죠?"

"사건 조사 차 살펴볼 것이 있어서 그러니 교체한 것을 주셨으면 합니다."

"그렇군요. 그런데 이걸 어쩌죠? 이미 버렸는데요."

"어디에 버리셨습니까?"

"저 쓰레기 더미에 버려서 어디에 있는지 모르겠습니다."

"쓰레기 더미를 모두 뒤져서라도 찾아야 합니다. 매우 중요한 것이거든요."

"그러면 제가 일단 찾아보고, 발견하면 연락을 드리겠습니다."

"알겠습니다."

큐는 허탈한 마음으로 돌아섰지만 카센터 주인에 대한 의심을 버릴 수가 없었다. 큐는 더 조사해 보기로 결심했다. 그런데 카센터 주인인 박상명 씨는 천인규 씨의 고교 동창이었다.

한편 앤은 사건 당일 저녁 시간대의 천인규 씨의 휴대전화 통화 내용을 조사했다. 통화 내용을 조사한 결과 그는 카센터 친구와 저녁 8시 38분에 약 3분간, 그리고 8시 50분에는 부인과 5분 정도 통화한 것으로 나타났다.

앤은 바로 큐에게 전화를 하였다.

"큐, 중요한 단서를 잡았어. 천인규 씨의 통화 내용을 보니 사고가 난 후 박상명이라는 사람과 부인에게 차례로 전화를 걸었다는 기록이 있어."

"누구? 박상명 씨? 박상명 씨라면 내가 아까 만난 카센터 주인인데?"

"그러면 사고가 나고 천인규 씨가 바로 카센터로 가기 위해 전화를 한 것이겠네."

"앤, 아까는 그 전조등을 확보하지 못했는데, 아무래도 내가 다시 카센터로 가서 모두 뒤져서라도 찾아야겠어. 앤도 다 끝냈으면 카센터로 올래?"

"알았어."

앤과 큐가 그 카센터로 다시 찾아갔을 때, 박상명 씨는 차를 수리하고 있었다.

"여전히 바쁘시군요."

"또 오셨습니까? 제가 찾아봐서 나오면 연락드린다고 했는데요."

"정확하게 천인규 씨가 전조등을 교체한 날짜가 언제입니까?"

"글쎄요, 기억이 잘 나지 않는군요."

"사흘밖에 안 됐는데 기억이 안 납니까? 계속 거짓말을 하면 공범으로 처벌받을 수 있습니다."

박상명 씨가 머뭇거리며 얼굴이 붉어졌다.

"사흘 전이 맞지요?"

"네, 맞습니다."

"이제 진실을 얘기하세요. 지금이라도 말씀하시면 용서 받을 수 있습니다. 그리고 전조등도 일부러 감춰 놓으신 것 같은데 빨리 내놓으세요."

"예, 알겠습니다. 사실 사흘 전에 그 친구가 차를 수리해 달라고 해서 해 주었습니다. 그리고 수리한 것은 절대로 비밀로 해 달라고 했습니다."

"친구와의 의리도 중요하지만 그것은 친구를 망칠 수도 있어요. 어쨌든 전조등을 좀 찾아 주세요."

"죄송합니다."

박상명 씨는 쓰레기 더미 한 중간에서 깨진 전조등을 꺼냈다. 지프차의 전조등임을 한눈에 봐도 알 수 있었다.

"이 전조등이 천인규 씨의 지프차에 들어가는 전조등 맞지요?"

"네, 맞습니다. 그 친구가 교체한 전조등입니다."

**앤**과 **큐**는 전조등을 가지고 급하게 국립과학수사연구소로 향했다. 일전에 의뢰한 깨진 유리조각이 카센터에서 수거한 전조등에서 나온 것인지, 담과 부딪쳐서 나온 것인지의 여부를 알아봐 달라고 의뢰하기 위해서였다.

## 알쏭달쏭한 자수

그날 저녁 밤늦게 **큐**에게 전화가 걸려 왔다. 천인규 씨의 부인이었다.

"제가 그 교통사고 뺑소니 사건을 저질렀습니다. 제가 그리로 가서 자세한 말씀을 드리겠습니다."

초췌한 얼굴로 천인규 씨의 부인이 찾아왔다. 그리고 물어보지도 않았는데 자신이 저지른 사고 경위를 설명하였다.

"죄송합니다. 할머니도 찾아가 뵙고 사과를 드렸어야 하는데요. 사실 그날 제가 시내에 갔다가 돌아오는 길에 할머니를 치고 겁이 나서 뺑소니를 쳤습니다."

"저번에는 집에 계셨다고 말씀하셨잖아요?"

"아닙니다. 발뺌하려고 입을 맞춘 것입니다. 그때 동네 친구한테 가게를 맡기고 물건을 사 가지고 오다가 사고를 내고 말았습니다. 죄송합니다."

"좀 정확하게 얘기해 주세요."

"그러니까 그날은 시내에 나가 가게에서 팔 물건을 사 와야 하는 날이었습니다. 그런데 애들 아빠가 술을 먹고 있다고 해서 할 수 없이 제가 시내에 가야 했지요. 그런데 저는 면허를 딴 지 오래됐지만 실제로 운전을 한 경험이 많지 않아 초보와 다름없습니다. 그래서 물건을 사서 오는 길에 그만 길을 건너던 할머니를 미처 보지 못하고 사고를 냈습니다."

"그런데 왜 구호조치도 안 하고 도망갔습니까?"

"그냥 무서워서 아무 생각도 할 수 없었습니다. 오로지 도망을 가야겠다는 생각밖에 없었습니다. 죄송합니다."

그의 진술은 믿을 만한 것으로 여겨졌다. 물론 시간적으로 약간 차이는 있지만 사고가 난 시점에 남편이 부인에게 통화를 한 것도 들어맞고 초보자와 다름없어서 천천히 운전했다는 것도 사고차량의 추정 속도를 생각하면 설득력이 있어 보였다.

## 거짓말

그러나 **앤**이 그의 진술에 의심을 갖고 **큐**에게 말했다.

"그렇지만 **큐**, 그렇게 자기의 결백을 주장하던 사람이 순순히 전화를 하고 찾아와 자기가 사고를 냈다고 말한다는 것은 좀처럼 이해가 되지 않아. 그리고 카센터 주인은 분명히 천인규 씨가 차를 몰고 왔다고 했잖아."

"그렇군. 술을 먹고 있던 사람이 아내가 사고를 냈다고 해서 그곳에 가서 차를 몰고 카센터로 갔다는 건가? 동네 사람들도 천인규 씨의 아내가 분명히 집에 있었다고 얘기했거든. 게다가 천인규 씨가 카센터에 전화한 것은 부인에게 전화를 하기 이전이란 말이지. 이렇게 보니 그 아내의 자백은 사실과 전혀 맞질 않네."

"분명히 거짓말을 하고 있는 거야. 하지만 아무리 거짓말을 잘해도 완벽하게 거짓말할 수는 없어."

"맞아. 수십 마디 말을 하면 자기도 모르게 진실을 10% 정도는 말한다고 하잖아."

"**큐**, 그건 또 누구의 이론이야?"

"음, '**큐** 이론'이라고 들어는 봤는지?"

"정말 웃기고 있네. 지금 농담할 때야?"

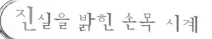

## 진실을 밝힌 손목시계

**앤**과 **큐**는 천인규 씨 부부가 무엇인가를 감추고 있음을 확신하고 좀 더 집중적으로 추궁하기로 했다.

전조등 감정 결과도 통보되었다. 교체된 전조등에는 담 등을 받아서 생긴 흔적이 전혀 없다고 하였다. 또한 길에서 수거한 조각은 너무 작아서 천인규 씨의 차량 전조등에서 떨어져 나온 것인지는 알 수 없다고 하였다.

큐가 천인규 씨의 아내에게 물었다.

"왜 부인은 계속 거짓말을 하고 계십니까? 사건 당일 저녁에는 천인규 씨가 술을 드시고 있었다고 하셨지요? 그런데 어떻게 술을 드신 분이 사고가 난 그곳까지 달려가 운전을 해서 카센터까지 가셨는지요? 그리고 남편분은 부인에게 전화하기 이전에 카센터로 먼저 전화를 하셨더군요. 이 사실에 대해 설명 좀 해 보시죠."

"그건……."

그녀는 무슨 말을 하려다가 말을 잇지 못했다.

"그리고 부인께서는 사고를 내고 겁이 나서 아무 생각도 못하고 도망을 했다고 했는데 그렇다면 사고 현장에서 차를 남편에게 맡기고 집까지 뛰어가셨나요?"

"……."

부인은 계속 아무 말이 없었다. 하지만 큐의 집요한 질문은 계속 이어졌다.

"그리고 이 시계를 보세요. 이 시계 기억나세요?"

"안 납니다."

"그렇겠지요. 이것을 보셨을 리가 없을 겁니다. 이건 할머니가 차고 있던 시계인데, 몇 시를 가리키고 있습니까?"

"8시 35분입니다."

"그러면 할머니를 친 시간이 8시 35분이라는 것이겠지요?"

"네."

"천인규 씨가 카센터에 전화를 한 것은 8시 38분이고 부인한테 전화한

사고 당시 할머니의 손목 시계

것은 8시 50분인데, 이 시간들에 대해서는 어떻게 생각하세요? 그리고 동네 사람들은 부인이 그 시간에 분명히 집에 있었다고 진술했습니다. 그렇다면 이것은 곧 부인이 거짓말했다는 것을 뜻하는 것이겠지요?"

"······ 죄송합니다. 사실대로 말씀드리겠습니다."

부인은 한참을 말없이 있다가 결심했다는 듯이 실토를 하기 시작했다.

"사실 저희는 남편이 운전을 해서 먹고 사는 집이어서 남편이 운전대를 놓으면 굶어 죽습니다. 그래서 제가 사고를 낸 것처럼 모든 것을 꾸몄습니다. 애 아빠가 전화로 교통사고를 냈다고 하더군요. 다행히 아무도 보지 않은 것 같아 일단 도망을 치긴 했는데 혹시나 조사가 시작되면 제가 물건을 사러 갔다 오다가 사고를 냈다고 말하라는 것이었습니다. 사실 처음에는 무슨 소리를 하는가 싶어 정신이 없었는데 천천히 생각해 보니 제가 했다고 하는 것이 더 나을 것 같았습니다."

"그럼 일부러 자동차로 담을 받은 건가요?"

"아닙니다. 아까는 제가 둘러댄 것입니다."

"이것은 운전을 못하는 것과는 차원이 달라요. 교통사고를 내고 뺑소니치면 엄중한 형사처벌을 받게 되어 있어요. 두 분이 모두 범죄를 저지른 것이나 마찬가지가 되는 거예요. 그러니 남편에게 자수를 하라고 연락하세요."

부인은 그 자리에서 남편에게 "모든 것이 끝났으니 자수를 하라"며 전화를 했다. 그러자 전화를 끊은 지 30분도 채 되지 않아 천인규 씨가 잔뜩 겁먹은 얼굴을 하고 사무실로 들어섰다. 그는 범행에 대한 모든 것을 순순히 털어놓았다.

"앤. 결국 이번 사건에서는 거짓말하면 언젠가는 탄로가 난다는 것을 배웠어. 그 '큐의 원리' 있잖아, 정확하게 확인된 사례라고나 할까."

"또 잘난 척이다."

"용의차량의 정밀 감정을 국과수에 의뢰해야겠어. 추가적인 증거를 확보해야 하니까."

"큐, 차량을 자세히 봐. 할머니의 시계 모양하고 비슷한 것이 보닛 위에 찍혀 있는 것 같아."

"아, 이 사람들⋯⋯. 이 자국은 못 봤나보군. 미처 지우지도 못한 걸 보니 말이야. 이것도 좋은 증거가 될 수 있겠어."

앤과 큐는 추가 증거 확보를 위해 천 씨의 차량을 압수해서 국립과학수사연구소로 동일성 여부를 의뢰하는 한편 차량에서 할머니의 옷 성분이 검출되는지 여부에 관한 조사도 의뢰했다.

며칠 후 나머지 감정 결과가 통보되었다. 국립과학수사연구소의 정밀 감정 결과 할머니의 시계에 묻은 페인트는 천인규 씨 소유의 차에 칠해진 페인트와 같은 종류인 것으로 확인되었다.

또한 보닛 위에 찍힌 시계 모양의 흔적과 할머니의 시계 모양은 정확하게 일치하였다.

# 사건 속에 숨어 있는 1인치의 **과학**

## ? 통화 내용 조회는 누구나 할 수 있는 걸까?

통신기술 등이 발달하면서 이제는 마음만 먹으면 인터넷 접속을 통해 이용자의 통화 내용과 개인 신상기록까지 상세하게 알 수 있는 시대가 되었다. 또한 발신기지국 위치 추적 등을 통해 통화자의 위치까지 알아낼 수 있다. 하지만 이러한 자료들은 철저하게 법률로 비밀이 보장되어 있어 아무나 조회하거나 내용을 볼 수 없다. 통신의 자유에 관해 헌법 제18조에서는 '모든 국민은 통신의 비밀을 침해받지 아니한다'라고 규정하고 있으며, 이를 뒷받침하는 「통신비밀보호법」에서는 이에 대한 세부 내용을 포함하고 있다.

「통신비밀보호법」에 따르면 타인 간의 대화나 통신을 도청 또는 녹취하면 처벌을 받게 되어 있다. 그러나 자신의 통화 내용은 통신회사를 통해서 열람할 수 있다. 그러나 이때에도 본인임을 분명히 입증한 후에라야 열람이 가능하다. 부부 간에도 상대의 통화 내용을 조회하는 것은 합법적인 방법에 의하지 않는 경우 범법 행위가 되어 처벌을 받게 된다. 물론 범죄와 관련이 있어서 수사기관 등의 요청이 있는 경우에는 일정한 절차를 거쳐 제한적으로 통화 내용을 조회할 수 있다. 하지만 요즘은 개인의 사생활 보호가 점차적으로 확대 및 강화되는 추세여서 최근에는 「통신비밀보호법」의 개정을 통하여 법원의 허가를 받도록 하고 있다.

## ? 빵소니 차량은 어떻게 찾을까?

교통사고, 특히 사람이 다친 경우는 보통 심한 부상을 동반하기 때문에 신속하게 조치를 취하지 않으면 목숨을 잃는 경우도 있다. 따라서 교통사고가 발생하면 부상자 응급치료을 가장 우선적으로 해야 한다. 하지만 이를 무시하고 빵소니를 치면 중범죄로 다스려 엄하게 처벌하고 있다.

목격자가 없는 뺑소니 사건의 경우에는 범인을 찾는 것이 매우 어렵다. 특히 시간이 흐를수록 범인은 증거를 없앨 수 있기 때문에 현장과 차량 및 피해자의 의류 등에 대한 정밀 감정을 신속하게 실시해야 한다.

뺑소니 사고의 경우 피해자의 차량에 의한 충격 당시 차량의 일부가 파손되면서 떨어져 나오는데, 이는 뺑소니 차량을 확인하는 중요한 단서가 된다. 가장 떨어져 나오기 쉬운 것이 조향등 파편, 후사경, 앞범퍼 구조물, 하부 구조물 등이며 차를 도색한 도장 페인트 조각 등도 같이 떨어져 나오게 된다. 조향등, 후사경 등에는 이를 제조한 회사, 연도, 일련번호가 명기되어 있어 일부의 조각만으로도 차량의 연식 및 종류를 판단할 수 있다. 또 떨어져 나오거나 피해자의 옷 등에 묻은 페인트의 분석으로는 자동차의 색깔, 차종과 연식 및 제조사 등을 추정할 수 있어 용의차량의 범위를 좁히는 데 매우 중요한 역할을 한다. 이러한 정보를 이용하여 등록된 차량을 소유한 사람들에 대한 수사를 실시, 혐의점이 있으면 본격적으로 수사에 착수하여 뺑소니 운전자를 검거하게 된다. 사고차량이 피해자의 몸을 넘어 지나간 경우에는 피해자의 옷에 찍힌 바퀴 자국과 용의차량의 바퀴 모양을 대조하여 동일성 여부를 판단할 수 있다.

용의차량이 있는 경우에는 차량에 대한 정밀 감정을 통해 좀 더 쉽게 범행 차량을 입증할 수 있다. 차량이 사람을 치는 경우에는 피해자가 입은 옷의 섬유 흔이 차량의 구조물에 끼이게 된다. 따라서 차량에서 발견된 섬유와 피해자 옷의 충격을 받은 부위의 섬유를 두고 동일성 여부를 조사함으로써 가해차량 여부를 판단할 수 있다.

피해자의 피부조직이나 모발 등이 용의차량의 하부 또는 차체의 일부에서 검출되는 경우도 있다. 이는 더욱 확실한 증거가 될 수 있다. 이 경우 발견된 조직 및 모발을 수거한 후 유전자 분석을 해서 피해자의 유전자형과 비교하면 용의차량이 범행차량인지 여부를 알아낼 수 있다.

CASE 5

혈흔은 범인을
알고 있다!

# 사건의 주요 내용 ❗

○ 서울 근교에 있는 서울공원묘지 관리인이 아침에 일을 하러 나갔다가 묘지 뒤에 살해되어 버려져 있던 시신 한 구를 발견하고 신고를 하였다. 확인 결과 변사자는 시골에서 올라와 인근의 황금체육관에서 숙식을 하며 일을 도와주는 사람이었다. 공원묘지 근처에서 발견된 변사자의 차량은 너무나 깨끗했고 체육관도 평상시와 같은 상태였다. 과연 변사자는 어떻게 그곳에 버려진 채로 있게 된 것일까?

## 공원묘지에서 걸려 온 제보

추석을 12일 앞두고 있을 무렵, **큐**는 공원묘지의 직원이라는 사람으로부터 한 통의 전화를 받았다.

"여기 서울공원묘지인데요, 묘지 뒤에서 죽은 사람을 발견했습니다! 가까이 가서 흔들어도 대답이 없어서 자세히 보니 피를 흘리고 사망한 상태였습니다. 시신이 발견된 묘지 앞으로 나 있는 길에서는 죽은 사람의 봉고차가 발견되었습니다."

"네? 공원묘지요?"

"네, 서울공원묘지입니다. 시신은 공원묘지 맨 윗줄 중간쯤에 있는 묘소 뒤에 있었습니다."

통화 내용을 옆에서 듣던 **앤**이 고개를 저으며 말했다.

"이거 장난전화 아냐? 도대체 아직까지도 이런 사람이 있단 말이야? 뭐, 공원묘지에서 사람이 죽었다고? 오호호! **큐**, 한번 좀 혼을 내 줘야겠어."

그러나 **큐**는 이상하다는 듯 고개를 저으며 수화기 한쪽을 막은 채 **앤**에게 말했다.

"하지만 너무 구체적으로 이야기를 해서 장난은 아닌 것 같아."

"그래? 그럼 좀 더 자세히 물어봐."

전화를 걸어 온 사람의 이야기에는 상당히 신빙성이 있었으며, 전화를 한 그곳은 위치 추적 결과 서울공원묘지가 틀림없었다. **앤**과 **큐**는 서둘러 감식 장비를 싣고 사건 현장으로 출동하였다.

"**앤**, 혹시 네가 어렸을 때 그런 장난전화 많이 한 거 아니야? 아무데나 전화를 해서 '여기 공동묘지인데요' 하는 식으로 말이야."

"뭐? 네가 많이 했구나? 나는 그런 짓 안 했어."

## 의심스러운 죽음

**앤**과 **큐**가 서울공원묘지에 도착했다. 시신이 발견된 곳은 공원묘지 맨 위에 있는 묘소로 사람이 거의 오지 않는 곳이었다. 다행히 묘지 관리인이 다른 묘소에 일이 있어 그곳에 들렀다가 시신을 발견하고 신고한 것이다. 관리인들조차도 무슨 일이 있어야 한번씩 돌아보는 곳이라 변사자는 발견되지 못할 수도 있었다.

시신이 발견된 묘소 앞 도로에는 변사자가 타고 온 것으로 보이는 승합차가 문이 열린 채 주차돼 있었다. 문이 열려 있는 것으로 보아 변사자가 타고 온 것으로 추정되었다.

'문이 열려 있네? 그렇다면 누군가 동승을 했을 것이고, 이곳에서 이 사람을 살해하고 도주했을 수도 있다! 아니면 차량 두 대로 와서 범행을 저지

른 뒤 한 대를 타고 도망갔다?'

골똘이 생각하던 큐는 공원묘지 관리인에게 물었다.

"혹시 어제 늦게 차량이 들어가는 것을 보셨습니까?"

"아니요, 저희는 건물 안에 있기 때문에 보지 못했습니다. 그리고 오시는 분들을 일일이 통제할 수도 없고요."

시신에서는 체온이 전혀 느껴지지 않았지만, 상태로 보아 사망한 지 많은 시간이 지난 것 같지는 않았다. 머리 부분에 큰 상처를 입었는지 피가 많이 묻어 있었고, 얼굴은 엎어져서 땅을 향한 채였으며 왼팔은 뒤로 젖혀져 있었다. 앤과 큐는 시신이 발견된 현장 주변에서 혈흔 검출 여부를 정밀하게 실험했지만 혈흔은 전혀 발견되지 않았다.

"앤, 이 현장에 대해서 어떻게 생각해?"

"음, 일단 시신 주변에서 혈흔이 아예 발견되지 않는다는 점이 이상해. 변사자의 얼굴에는 분명히 혈흔이 많거든. 피를 많이 흘렸다는 건데, 어떻게 혈흔이 하나도 없을까? 그건 곧 이 사람이 여기에서 살해된 게 아니라는 뜻이지. 분명히 다른 곳에서 살해되어 이곳에 버려진 것 같아."

"그렇다면 누가 여기까지 와서 시신을 버리고 갔을까? 봉고차로 싣고 왔으면 다시 봉고차를 가지고 가야 하는데 차까지 버리고 갔다는 게 이해가 안 돼."

두 사람은 시신 주변과 변사자에 대한 조사를 마치고 승합차가 있는 곳으로 갔다. 승합차에는 '황금체육관'이라고 쓰여 있었고 아래는 전화번호가 적혀 있었다. 앤이 승합차에 적혀 있는 전화번호로 전화를 걸었다.

"여기는 서울공원묘지인데요, '황금체육관'이라고 쓰여 있는 승합차를 발견했습니다. 혹시 이 차량에 대해 아시는지요?"

"네, 저희 체육관 차량인 것 같습니다. 그런데 저희 차량이 왜 거기에 가 있지요?"

"저희도 모르지요. 그런데 한 사람이 그 옆에 사망한 채 있습니다. 전화 받으시는 분이 혹시 체육관 주인이신가요?"

"네, 제가 황금체육관 관장입니다. 제가 그곳으로 지금 바로 가겠습니다."

급하게 전화를 끊은 체육관장이라는 사람은 30여 분이 지나 공원묘지에 도착하였다. 그리고 급하게 변사자가 있는 곳으로 가서 시신을 살폈다.

"어? 이 친구는 우리 체육관에서 일하는 친구인데! 어떻게 이런 일이……."

관장은 말을 잇지 못하고 시신을 내려다보기만 했다.

"어제 체육관 물건을 사러 시내에 다녀오겠다고 했는데 아무리 전화를 해도 안 받아서 이상하다 했더니……. 어떻게 여기에 이렇게 되어 있는 거지? 정말 착한 친구였는데 대체 어떤 놈이 이런 짓을 한 거야, 도대체!"

관장이 울먹이며 말했다.

"체육관에서 일하는 분이군요?"

"네, 친구라기보다 김진섭이라는 제 후배입니다."

"그렇군요. 김진섭 씨는 어제 체육관에서 몇 시에 나갔습니까?"

큐가 체육관장에게 물었다.

"한 저녁 7시나 됐을까요? 저와 함께 저녁을 먹고 물건을 사야 한다며 바로 나갔고, 저는 체육관 정리를 한 후 깜박 잠들었다가 깨어 보니 밤 12시가 넘었더군요. 그런데 그 시간까지도 돌아오지를 않아 계속 전화했지만 받지 않아서 걱정을 많이 했어요."

"네, 그랬군요. 차량은 체육관 소유인가요?"

"네, 체육관에서 사용하고 있는 것입니다."

"우선 차량에서 혈흔이 검출되는지 알아봐야겠습니다. 혹시 이 차량으로 시신을 옮겼는지부터 알아내야 수사의 방향을 결정할 수 있으니까요."

"네, 그러세요. 범인을 잡기 위한 일이라면 모든 것을 도와드리겠습니다."

"그럼 차량은 혈흔 검사 후 바로 돌려드리도록 하겠습니다."

"알겠습니다."

관장과 이야기를 마친 **큐**는 **앤**과 함께 승합차 안에서 의심스러운 곳을 자세하게 실험하기 시작했다. 만약 차량으로 시신을 옮겼다면 뒷좌석 후면의 짐칸 또는 뒷좌석 등에서 혈흔이 발견될 것이라 추정되었기 때문에 그곳을 중점적으로 조사하였다.

### 차량도 혈흔 검사가 가능할까?

차량에 대한 혈흔 검출 여부 검사는 차량을 어두운 차고 등에 옮겨 놓고 혈흔 검출시험 시약인 루미놀을 분사하여 실시한다.

하지만 미닫이 문짝의 중간 부분에서 한 방울의 혈흔이 검출된 것 외에는 차량의 어느 곳에서도 혈흔을 발견할 수 없었다.

"**앤**, 참 이상하지? 사망자는 머리에 상처를 입고 출혈이 상당히 많았을 것 같은데, 여기에 있는 승합차에서는 전혀 혈흔이 검출되지 않았으니 말이야."

"글쎄, 어떻게 문짝에서만 딱 한 방울의 혈흔이 발견되었을까? 이해가 잘 안 가네."

"체육관장을 좀 더 지켜보도록 하자."

## 피살자의 일기장

**앤**과 **큐**에게 피살자에 대한 부검 결과가 전달되었다. 시신은 두피 부분이 찢어져 있었고 두개골이 함몰되어 있었으며 뇌 내에 많은 피가 고여 있다. 결정적인 사인은 두개골 골절에 의한 출혈로 판단되었다. 하지만 그 외에는 전혀 단서가 없는 상태여서 이러다가는 사건이 미궁에 빠질 수도 있었다.

"**큐**, 김진섭 씨의 저녁 7시 이후 행적을 알아봐야겠어. 그리고 그 관장 말이야, 아무리 생각해도 행동이 영 부자연스러운 것 같으니 좀 면밀히 살펴보았으면 좋겠어. 괜한 의심을 하는 것 같아서 살짝 미안하기는 하지만……."

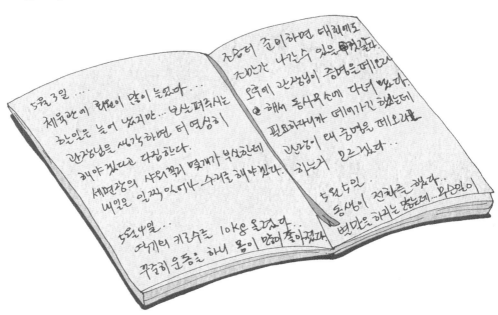

피살된 김진섭 씨의 일기장

"설마 고향 후배에게 그런 짓을 할 리가 있겠어?"

"그렇기야 하지만 그래도 너무 믿으면 안 돼. 요즘 세상이 좀 험해야 말이지."

"자, 의심은 그만하고 일단 네 말대로 김진섭 씨의 행적부터 조사해 보자고. 우선 체육관으로 가서 그의 주위 사람들을 찾아가 어제 행적을 물어봐야겠어."

"그래. 그리고 체육관으로 가서 그의 유품을 봐야겠어. 무슨 단서를 얻을 수 있을지도 몰라."

앤과 큐는 바로 체육관으로 가서 김진섭 씨의 유품을 조사하기 시작했다. 개인 사물함에는 옷 몇 벌과 생활용품 등 그다지 많지 않은 물건들이 들어 있는 것으로 보아, 그는 시골에서 몸만 올라와 생활하는 사람이었음을 알 수 있었다.

사물함에서는 몇 권의 책과 메모장, 일기장 등이 발견되었다. 메모 노트에는 본인이 쓴 돈을 꼼꼼히 적어 나가고 있었고, 노트 뒤에는 통장이 있었다. 일기장에는 매일 체육관에서 일어난 일들이 메모 형식으로 적혀 있었다. 일기장 뒷면에 붙어 있는 접착식 메모지에는 이번 추석에 어떤 선물을 할 것인지 인명별 목록이 적혀 있었다.

"앤, 이런 것들이 사건 해결에 무슨 도움이 되겠어? 다른 것 하나라도 빨리 더 보자고."

큐가 앤을 보챘지만 앤은 들은 척도 안 하고 그의 메모지 등을 꼼꼼하게 읽어 나갔다.

'그의 최근 생각과 행적이 적혀 있는 메모들이니 무슨 단서가 될 만한 것이 있을지도 몰라. 현장과 승합차에서 혈흔이 거의 발견되지 않았다는 것은 분명 이해할 수 없는 상황이야. 그러니 모든 가능성을 열어 두고 수사해

야 해.'

앤은 이런저런 생각을 하며 열심히 메모지 등을 챙겼다.

김진섭 씨의 일기는 그가 서울 근교로 올라오면서부터 시작되었다. 초기의 일기는 도시에서의 처음 생활에 대한 생각이 많았고, 시골에 있었으면 농사나 지었을 텐데 관장이 자기를 먹여 주고 재워 주는 것은 물론 운동까지 할 수 있게 해 주니 그의 배려에 고마울 따름이라고도 쓰여 있었다. 그 후에는 거의 체육관에 대한 이야기가 주를 이루고 있었지만, 친하게 지내는 사람은 그다지 많지 않았는지 친구에 관해 쓴 것은 거의 없었다. 그래서 그의 대부분의 생활이 거의 체육관에서 이루어졌을 것이라고 앤은 어렵지 않게 짐작할 수 있었다.

"큐, 이건 무슨 뜻일까?"

한참을 읽어 나가던 앤이 큐에게 일기장을 들고 가 한 구절을 가리키며 말했다. 그 부분에는 '관장이 왜 증명서를 떼어 오라고 하는지 모르겠다'고 적혀 있었다.

"증명이라면 뭘 말하는 거지? 학력증명서? 아니면 유단증명서?"

"혹시 인감증명서는 아닐까?"

"인감증명서라면 무엇에 쓰려고 했을까? 관장이 남의 인감증명서를 특별히 쓸 일은 없을 것 같은데……. 인감증명서가 어디에 필요하지?"

"개인적으로 인감증명서를 써야 할 일이라면 글쎄……. 신용대출 때문일까? 관장이 김진섭 씨의 이름으로 대출을 받으려고 한 걸까? 일단 김진섭 씨가 대출을 받은 적이 있는지 그리고 인감증명서가 필요한 다른 무엇이 있었는지를 알아보자."

"그런데 아까부터 관장이 우리 행동을 계속 감시하는 것 같아. 계속 붙어 다니며 보는 것이 영 기분이 안 좋네."

"도대체 관장이 왜 '증명서'를 떼어 오라고 한 걸까?"

한참을 혼자 중얼거리던 큐가 말을 꺼냈다.

"앤, 일단 두 사람의 어제 행적을 먼저 알아보고 이 체육관에 대해서도 좀 더 자세하게 조사해 보자. 혹시 이 안에서 일어난 사건이라면 어디에선가는 분명히 김진섭 씨의 혈흔이 검출될 거야."

"그럼 루미놀 시험 준비를 해야겠네."

"응. 그리고 아까 관장이 어제 김진섭 씨에게 계속 전화를 걸었다고 말했지? 난 그게 정말인지 관장의 통화 내용을 조사해 봐야겠어."

"알았어. 나도 김진섭 씨 노트에 적혀 있는 전화번호들로 전화를 걸어서 김진섭 씨의 어제 행적을 아는 사람이 있는지 알아볼게."

## 피살자의 전화 추적

큐가 관장의 어제 전화 통화 내용을 조사한 결과 관장이 김진섭 씨에게 전화를 한 통화 내용은 존재하지 않았다. 그리고 앤은 피해자의 메모장 뒤에 적혀 있는 사람들 몇 명에게 전화를 하여 김진섭 씨의 전날 행적을 물었지만 아는 사람이 전혀 없었다. 사건 당일에 그를 보거나 만난 사람은 한 명도 없었던 것이다.

"앤, 관장이 거짓말을 하고 있어. 어제 김진섭 씨하고 전화 통화를 한 내용이 없어."

"그럼 시신은 더 오래 전에 버려진 것 아닐까?"

"이전의 통화 내용도 알아봤는데, 역시 김진섭 씨와 통화한 적이 전혀 없어."

"나도 일기장에 적혀 있던 주변 인물들에게 김진섭 씨의 어제 행적을 물어 보았는데 전혀 아는 사람이 없어."

"정말 관장의 말대로 단순히 그가 물건을 사러 갔다가 변을 당한 것일까?"

관장에 대한 의문은 계속 증폭되었다.

"일단 이 사실은 당분간 관장에게 얘기하지 말고, 결정적일 때 써먹도록 숨겨 두자."

"좋아. 그렇다면 이제 방법은 하나겠네. 체육관 내부에서 혈흔이 검출되는지를 실험하면 될 것 같아. 김진섭 씨의 혈흔이 검출되면 분명히 이곳에서 사건이 일어났다는 것이 증명되는 거니까."

## 체육관 루미놀 시험

**큐**는 팔짱을 끼고 머리를 흔들며 무엇인가 생각하듯 체육관 내부를 걸어 다니고 있었다.

"관장님, 김진섭 씨가 여기에서 생활했으니까 일단 체육관을 먼저 조사했으면 합니다. 오해는 하지 마시고요."

"네, 당연하지요. 후배가 있었던 곳이니까 수사를 해야지요."

**앤**과 **큐**가 혈흔을 감식하는 동안 관장은 좀 떨어진 곳에서 이들을 계속 지켜보고 있었다. 곁눈질로 관장을 흘끗 보던 **큐**는 **앤**에게 작은 목소리로 속삭였다.

"**앤**, 아까 우리가 그 공원묘지에서 관장에게 전화했을 때 말이야. 분명 서울공원묘지라고만 말했는데 관장은 어떻게 어디인지도 물어보지 않고 우리가 있는 곳까지 단숨에 정확하게 찾아올 수 있었을까?"

"그러고 보니 그것도 좀 수상해. 큐가 상당히 예리하게 본 것 같아."

"하여튼 지금은 일단 실험을 계속하자. 이제 날도 어두워졌으니 루미놀 시험을 하기에는 괜찮을 것 같아."

660m² 정도 넓이인 체육관은 건물의 2층 전체를 모두 쓰고 있었고, 이곳으로 옮겨 온 지는 약 3개월 되었다. 여느 체육관과 마찬가지로 홀 전면에는 매트가 깔려 있었고, 여러 운동기구가 있었으며 한쪽 옆에는 화장실 및 샤워실이 있었다. 혹시 체육관 내에서 사건이 일어났다면 시신을 유기하는 과정에서 떨어진 혈흔이 체육관의 바닥 등에 남아 있을 가능성이 있었다. 따라서 매우 넓기는 했지만 체육관 전체에 대해 혈흔 반응 시험을 하는 수밖에 없었다.

앤과 큐는 체육관에 빛이 들어오는 곳을 모두 천으로 가려 내부를 어둡게 한 뒤(Case 2. 모세관 현상과 루미놀 시험 설명 참고) 체육관 입구부터 세밀하게 실험하기 시작했다. 1층에서 체육관으로 올라가는 계단에서는 혈흔이 전혀 검출되지 않았다. 체육관의 내부 역시 매트가 깔려 있는 곳까지 모두 들춰 가며 실험했지만 혈흔을 발견할 수는 없었다.

"앤, 너무 이상해. 만약에 체육관 내부에서 사건이 일어났다면 이쯤이면 혈흔이 검출되어야 하는데 말이야. 아무런 증거가 없잖아."

"큐, 이왕 고생한 김에 저기 세면장도 구석구석 살펴보자고."

두 사람은 마지막으로 세면장에서 루미놀 시험을 진행하였다. 체육관장은 두 사람을 계속 쫓아다니며 시험 과정을 지켜보고 있었다.

"여기는 너무 깨끗하잖아. 뭐가 있겠어?"

"자, 일단 실험이나 해 보자."

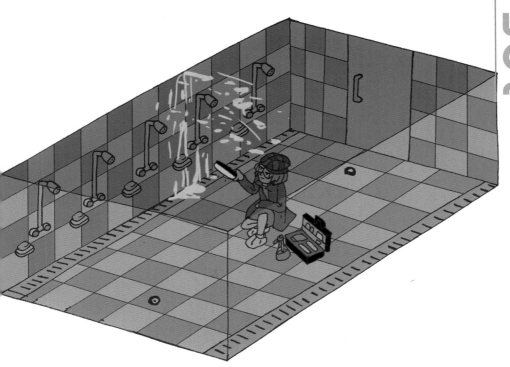

루미놀 시험을 하고 있는 앤

# 엄청난 양의 출혈

앤이 서둘러서 세면장 문을 닫고 들어가 루미놀을 뿌렸다. 그런데 정말
신기한 일이 일어났다! 그렇게 깨끗하기만 하던 샤워실의 벽면에서 혈흔이
흘러내린 자국이 형광빛을 발하며 선명하게 드러나는 것이었다. 바닥과 욕
실에서도 흩뿌려져 있는 혈흔이 검출되었다.

"큐, 이제 관장도 꼼짝 못할 거야."

앤은 세면장 밖에 있던 관장을 불러들였다.

"관장님, 이 혈흔은 무엇입니까? 여기에 왜 이렇게 많은 혈흔이 있나요?”

“아, 그건 그 친구가 언젠가 코피를 흘린 흔적 같은데요?”

“코피라고요? 관장님은 아까부터 계속 거짓말만 하고 계시는 군요.”

“네? 대체 제가 무슨 거짓말을 했다는 겁니까?”

“이리 와서 한번 보시죠. 코피인데 이렇게 많은 양이 검출될 수 있습니까? 이 세면장 바닥은 그렇다 쳐도 천장에까지 튄 혈흔은 곧 이곳에서 무엇인가 물리적인 접촉이 있었다는 것을 의미합니다.”

그러나 관장은 고개를 가로저으며 **앤**의 말을 강하게 부정했다.

“아니요. 코피가 맞습니다.”

“관장님, 정말 계속 이렇게 거짓말하실 겁니까? 사건 후에 이곳을 잘 닦으셨는지는 모르겠지만 루미놀 시약은 그렇게 닦은 혈흔도 모두 찾아냅니다. 그리고 혈흔 형태도 코피에 의한 것이 분명히 아닙니다. 그 친구가 코피를 흘렸다면 바닥에서 혈흔이 검출되는 것은 이해가 갑니다만, 천장에서 검출된 저 많은 혈흔은 무엇으로 설명할 수 있을까요?”

“……”

**앤**의 집요한 추궁에 관장은 당황하며 대답을 하지 못했다.

“열심히 당시 상황을 지우려고 노력은 한 것 같은데, 어쩌지요? 이들 혈흔이 그때의 상황을 그대로 말해 주고 있으니 말입니다.”

“**큐**, 혈흔 검출 결과를 정확하게 촬영하고 기록했으면 좋겠어. 결정적인 증거가 될 거야.”

**앤**은 관장의 얼굴색이 변하고 있는 것을 눈치 채고, 분명 그가 범인이라는 것을 자신하는 것 같았다.

“관장님, 이제 사실대로 말씀하시죠.”

“……”

관장은 계속 말이 없었다.

## 범죄가 없어지는 날까지

"관장님, 이제 얘기를 하시죠. 관장님은 사건 당일 체육관에 계속 계셨다면서 이 사건과 무관함을 주장하셨는데, 지금 보니 사건은 체육관 안에서 일어났군요. 김진섭 씨를 제외하면 체육관에는 오로지 관장님 한 명이 있었고, 사건도 이곳에서 일어났어요. 어서 사실대로 말해 주세요."

"……."

관장은 큐의 추궁에도 묵묵부답이었다. 앤이 또다시 질문을 던졌다.

"제가 처음 전화했을 때에도 저희가 서울공원묘지에 있다고만 말했는데 관장님께서는 위치도 묻지 않고 그곳으로 빨리도 찾아오시더군요. 이것은 무엇을 의미하는 것일까요? 분명히 관장님이 그 현장에 간 적이 있다는 것입니다. 한 번도 가 보지 않은 곳을 어떻게 그렇게 바로 찾아갈 수 있겠습니까?"

큐의 추궁이 계속되었다.

"또한 관장님은 그 친구의 휴대전화로 전화를 계속 했다고 했는데 통화 내용을 조사해 보니 관장님이 전화한 기록은 없더군요. 이래도 부인하시겠습니까? 이것들만 가지고도 충분한 증거가 될 수 있습니다. 참, 그리고 더욱 결정적인 증거를 발견했습니다."

큐는 주머니에서 뭔가를 꺼내 관장의 눈앞에 들이밀었다.

"이것이 뭔지 아시죠? 김진섭 씨가 불의의 사고로 사망하면 3억원을 받을 수 있는 보험증서입니다. 그런데 자세히 보니 수령인을 관장님으로 하셨더군요."

한참을 생각하던 관장이 더 이상 버틸 수 없었는지 입을 열기 시작했다.

"맞습니다. 제가 저질렀습니다. 체육관을 이전했는데 돈을 너무 많이 빌려서 갚을 길이 막막했습니다."

"그래서 김진섭 씨를 살해한 겁니까?"

"네……. 죄송합니다. 제가 잠시 돈에 눈이 멀었나 봅니다."

관장은 순순히 그동안의 상황을 자세하게 말했다. 관장의 이야기를 듣던 앤이 큐에게 물었다.

"큐, 그런데 어떻게 체육관에서는 혈흔이 전혀 검출되지 않았을까? 김진섭 씨가 피를 많이 흘린 것 같은데."

큐도 같은 점이 궁금했던 터라 관장에게 물었다.

"관장님, 그런데 어떻게 시신을 거기까지 옮긴 거죠?"

"비닐에 싸서 옮긴 후 비닐은 땅에 묻었습니다."

"그런데 차량은 왜 그곳에 놓고 오셨습니까?"

"누군가에게 납치되어 살해된 것으로 위장하기 위해 그랬습니다."

뉘우침의 빛도 보이지 않은 채 거침없이 대답을 하는 관장의 뻔뻔함에 앤과 큐는 혀를 내둘렀다.

"어떻게 저렇게 태연하게 얘기를 할 수 있을까?"

수사 결과 관장은 체육관을 이전하면서 돈이 모자라자, 전세보증금을 마련하기 위해 김진섭 씨의 보험금을 노리고 살해하여 유기한 것으로 밝혀졌다. 범인은 고향 후배인 김진섭 씨를 생명보험에 들게 하고, 인감증명이 필요하다며 인감증명서를 떼어 오게 한 뒤 그 몰래 자신을 상속인으로 변경 지정하여 보험회사에 서류를 제출한 것이다. 또한 김진섭 씨를 세면장으로 유인, 둔기를 사용하여 살해한 뒤 승합차를 이용하여 시신을 버렸다. 관장은 사건을 은폐하기 위하여 세면장 등을 모두 깨끗하게 청소하였지만 루미놀 시험 결과 다 지워진 것으로 생각되던 혈흔이 반응하면서 사건 당시 상황이 드러난 것이다.

"돈이 궁한 나머지 살인을 하는 사건이 끊이지 않고 일어나고 있어. 물론 돈은 중요하고 살아가는 데 없어서는 안 되는 것이지만, 그렇다고 생명과 바꿀 만큼 가치 있는 것은 아닐 텐데……. 세상에서 가장 아름답고 무엇으로도 바꿀 수 없는 것이 생명이잖아."

"맞아, 큐! 생명은 그 무엇과도 바꿀 수 없는 고귀한 것인데, 어떻게 그럴 수가 있을까?"

"정말 무서운 세상이야. 그러니까 우리는 세상에서 범죄가 사라지는 날까지 몸 바쳐 일해야겠지."

"그래, 범죄가 없어지는 날까지!"

## 혈액형 검사는 어떻게 하는 걸까?

유전자 분석 방법이 개발되기 전에는 개인을 식별할 수 있는 가장 보편적인 수단이 바로 증거물에서 혈액형을 분석하여 용의자와 비교하는 것이었다. 우리나라에서도 유전자 분석 방법이 본격적으로 도입된 1990년대 초반까지만 해도 혈액형 분석이 주를 이루었다. 하지만 혈액형은 A형, B형, AB형, O형 등 네 타입으로 분류할 수밖에 없어 범인을 확정하는 데는 무리가 있었다.

보통의 ABO식 혈액형 검사에서 혈액과 항혈청을 반응시키고 그 응집 여부에 따라 혈액형을 판단하는 슬라이드 응집법을 사용하는 것에 반해, 범죄 수사에서는 사건 현장에 피가 액체 상태보다는 건조되어 혈흔으로 존재하는 경우가 대부분이기 때문에, 슬라이드 응집법에 의한 혈액형 검사와는 다른 방법으로 혈액형 검사를 실시한다. 이때 사용되는 방법은 해리 및 흡착에 의한 검사 방식으로 이는 항원항체 반응의 원리를 응용한 것이다. 최근에는 유전자 분석에 의한 혈액형 분석 방법이 보편화되어 이용되고 있다.

### ◆ 혈액형 분석

일반적으로 혈액형을 검사하는 방법은 슬라이드 응집법으로 혈액과 항혈청 A 그리고 항혈청 B를 반응시켜 응집 여부로 판단한다. 판정은 항혈청 A에서만 응집이 있으면 A형, B에서만 응집이 있으면 B형, 양쪽 모두 응집이 있으면 AB형 그리고 아무 곳에도 응집이 없으면 O

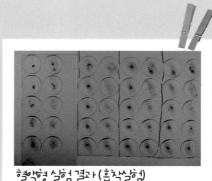

혈액형 실험 결과 (흡착실험)

형으로 판정한다. 하지만 사건 현장에서는 혈액이 혈구의 형태가 아니라 혈흔의 형태로 발견되기 때문에 슬라이드 응집법으로는 혈액형을 판정할 수 없다. 따라서 해리 또는 흡착이라는 실험 방법을 사용하여 혈액형을 판정한다. 이는 항원항체 반응의 원리를 응용한 것이다. 왼쪽의 그림은 해리 및 흡착에 의해서 혈액형을 분석한 결과다.

## 오래된 혈흔도 분석이 가능할까?

보통 현장에서 수거되는 증거물은 대개 자연 환경에 노출되어 있었기 때문에 매우 상태가 안 좋은 경우가 많다. 증거물에서 유전자 분석이 불가능한 경우는 대개 물리화학적 오염물질, 즉 흙, 시멘트 등 실험 과정에서 반응을 저해하는 성분이 들어 있는 물질들로 오염된 경우다.

또한 자연 환경에 오랫동안 노출되어 DNA를 깨뜨릴 수 있는 물리·화학적 작용이 시료에 가해진 경우 즉, 자외선에 장시간 노출된 경우, 강한 열에 노출된 경우, 부패한 경우 등은 유전자형을 검출하는 데 실패할 수 있다. 하지만 시료가 마른 경우는 부패가 진행되지 않아 아무리 오래되어도 유전자형을 검출할 수 있다. 김구 선생의 피 묻은 옷에서 채취한 혈흔에서 혈액형 및 유전자형을 성공적으로 검출할 수 있었던 것도 바로 이런 이유 때문이다. 몇 십 년이 지나 숯덩이처럼 새까맣게 변색되었지만 마른 상태로 보관되었기 때문에 그러한 분석이 가능했던 것이다.

혈흔은 아니지만 모발의 경우도 마찬가지다. 수년 전 KBS에서 업

실제 사건의 신문자료

무협조로 의뢰 받은 신창동 초기 철기 시대 유적지에서 출토된 모발에서도 성공적으로 유전자형을 검출하였는데, 이것이 가능했던 것은 유물들이 묻혀 있던 곳이 저습지였기 때문에 공기가 차단되어 미생물 등이 생존할 수 없어 미생물에 의한 모발의 분해가 이루어지지 않았기 때문이었다. 실험 결과를 종합 분석한 결과 의뢰된 모발이 사람의 모발임을 밝혀내 당시의 생활상을 이해하는 데 도움을 주었다. 이 결과는 당시 'KBS 역사스페셜'에서 방영되었다.

모발을 확대한 모습

CASE 6

완벽한
범죄는 없다!

# 완벽한 범죄는 없다!

## 사건의 주요 내용

2003년 초가을, 경기도 외딴 마을에서 시신이 부패된 채 발견되었다. 시신은 심하게 부패되어 신원을 전혀 알 수 없었다. 그러나 새로운 과학수사 방법(법곤충학)이 동원되고 공개적으로 신원을 수배함에 따라 다행히 변사자의 신원을 밝혀낼 수 있었다. 또한 변사자의 주변을 수사하던 중 유력한 용의자를 검거하였지만, 그는 사건 현장에 간 적이 없다고 주장하고 있다. 하지만 앤과 큐의 예리한 눈을 벗어나지는 못하고 결정적인 증거가 발견되는데…….

# 부패된 시신의 발견

초가을의 어느 날, 경기도 여주시 자그마한 마을의 야산으로 동네 사람 한 명이 개를 데리고 산책을 나섰다. 그런데 갑자기 개가 움직이지 않고 선 채로 요란하게 짖어 대는 통에 그곳으로 가 보았다가 심하게 부패된 시신이 풀더미에 덮여 있는 것을 발견하고 신고하였다. 현장은 마을의 어귀에서 조금 떨어진 곳이지만 큰길로부터는 멀리 떨어져 있어 사람의 왕래가 거의 없는 곳이었다.

신고를 받은 **앤**과 **큐**는 바로 현장에 도착하여 사건 현장에 대한 감식을 시작하였다. 사건 현장은 길가에서 멀지는 않았지만 풀이 무성하게 자라 있어 외부에서 보면 전혀 눈에 띄지 않는 곳이었다. 시신은 유기된 지 꽤 오래된 듯 몹시 부패되어 있었고 일부는 야생동물들에 의해 훼손되어 있었다. 부패 정도로 보아서는 유기된 지 약 5일에서 10일 정도 지난 것 같지만 정확한 사망 시간을 알 수는 없었다.

"어! 구더기!"

**앤**이 기절초풍하여 입을 막으며 뒤로 물러섰다. 시신의 입과 눈 그리고 갈라진 복부 사이에서 허연 이를 드러내듯이 수도 없는 구더기들이 바글바글 꿈틀꿈틀대며 기어 다니고 있었다. **앤**이 잠시 도망을 하는 듯 물러섰다가 다시 다가서서 그 모습을 내려다보았다.

"**앤**, 뭘 이런 것 가지고 그래. 한두 번 겪는 일도 아니잖아. 자, 먼저 신원을 확인할 수 있는 것부터 있는지 봐야겠어. 상황으로 봐서 여기에서 살해된 것 같지는 않아. 이 사람이 과연 언제 이곳으로 옮겨졌는지를 알아내는 것이 매우 중요한 것 같다. 일단 이 변사자가 사망한 날짜를 중심으로 실종된 사람들에 대한 조사를 하면 신원을 확인하는 데 도움이 되지 않을까?"

"요즘에는 법곤충학이 사망 시간을 추정하는 데 이용되고 있다고 들었어. 사람이 죽으면 여러 곤충이 시신에게 달라붙는데, 이것들을 분석해서 여러 중요한 단서를 얻을 수 있다는 거야."

## 사건 해결의 단서, 구더기

"시신이 자연에 노출되면 가장 먼저 덤벼드는 곤충이 파리야. 파리는 5킬로미터 이상 떨어진 곳에서도 냄새를 맡고 와서 사체에 알을 낳고, 알에서 깨어난 애벌레들은 부패한 사체를 먹고 성장해서 결국 번데기가 되지. 현재 이 시신의 몸에 있는 곤충들의 성장 단계를 보고 어떤 단계인지를 알면 변사자가 언제 사망했는지를 알 수 있을 것 같아. 물론 정확한 것은 아니지만 좋은 단서가 될 수 있을 거야."

"하지만 이것을 누가 채취하고 누가 실험을 하겠어. 정말 미치겠다."

"앤, 황금 보기를 돌같이 하는구나. 이것이 사건을 해결할 수 있는 열쇠가 될 수 있다는 것을 모르는군."

"그럼 네가 해. 나는 곤충의 생활사에 대해서 정확히 알아볼게. 법곤충학이라는 분야에 대해서도 진작 공부를 해 두었더라면 좋았을 텐데."

"앤. 그것을 다 하려면 아마 머리가 터질 거야. 박사님한테 여쭤 보는 건 어때?"

"그래, 네 말이 맞아. 유 박사님께 전화를 드려야겠다."

앤은 우리나라의 유일한 법곤충학 전공자인 유 박사에게 전화를 걸었다.

"박사님, 야산에서 변사체가 발견되었는데 전혀 신원을 알 수 없고, 언제 유기되었는지도 모릅니다. 법곤충학을 전공하셨다고 들었는데 자세한 내용을 알고 싶어서요. 저희한테는 매우 생소한 분야거든요."

"그래요, 앤. 외국에서는 법곤충학이 오래전에 도입되어 범죄 수사에 활용되고 있지만, 우리나라에서는 연구하고 있는 사람이 없어서 제가 혼자서 고군분투하고 있습니다. 법곤충학은 최근 과학수사에서 심심치 않게 응용되고 있는 분야입니다. 곤충들은 습성과 선호하는 먹이에 따라 시간 차이를 두고 사체에 모여드는데, 이 곤충들을 연구하여 사후 경과 시간을 측정하는 등 사건 해결의 중요한 단서나 증거를 제공하는 분야가 바로 법곤충학입니다. 특히 곤충 중에서도 금파리와 쉬파리에 대한 분석이 가장 많이 이용되고 있습니다. 이 파리들은 사망 후 몇 시간 내에 제일 먼저 도착하여 사체를 먹고 성장하는데, 유충의 성장 단계를 보고 사체의 사망 시간과 사후 경과 시간을 추정할 수 있지요. 따라서 이번 사건과 같은 경우 유용하게 적용할수 있을 것 같군요. 내가 직접 그쪽으로 가서 다른 것들도 함께 실험을 할게요."

"감사합니다. 와 주신다고 하니 너무 고맙습니다, 박사님."

## 사후 경과 시간

유 박사는 사건 현장에 한 시간도 안 되어서 도착하였다.

"감사합니다, 박사님. 바쁘신데 이곳까지 직접 와 주셔서요."

"역시 생각한 대로군요. 꽤 시간이 지난 것 같습니다. 이쪽 사진을 좀 찍고 샘플을 채취하도록 하겠습니다. 파리의 유충이 이 정도인 것으로 보면 10일 정도 경과된 것 같습니다. 실험실로 가져가서 정확한 분석을 해서 감정 결과를 보내도록 하지요."

유 박사는 전문가답게 그 자리에서 대략의 사후 경과 시간을 말해 주는 한편, 능숙한 솜씨로 사진을 찍고 증거물을 채취했다.

"이제 시신을 국과수로 옮기고 우리는 다음 단계를 진행해야겠어."

## 법곤충학이란 무엇일까?

### 1. 법곤충학이란

법곤충학은 사체의 주변에서 관찰되는 여러 곤충을 연구하여 사후 경과 시간의 추정 등 범죄와 관련된 여러 정보 및 증거를 제공한다.

### 2. 사후 경과 시간 추정

사람이 사망하면 사체에 물리화학적인 변화가 일어나므로 이러한 변화들을 측정하여 사후 경과 시간을 추정할 수 있다. 하지만 사망 후의 경과 시간이 길어질수록 이들 변화의 측정은 점점 무의미해진다. 사체의 부패가 비교적 오래 진행되면 다른 지표가 필요한데, 이 지표가 되는 것이 사체 주변에서 발견되는 곤충과 유충들이다. 사람이 사망하면 바로 부패가 진행되면서 여러 곤충이 사체를 공격하는데, 이들 곤충의 성장 정도로 시신의 사후 경과 시간을 추정할 수 있는 것이다. 대표적인 것이 파리이며, 파리의 유충인 구더기의 성장 정도로 사후 경과 시간을 추정할 수 있다. 따라서 파리의 성장에 영향을 주는 온도 및 습도를 감안하여 단계별(1령, 2령, 3령, 번데기)로 성장하는 데 소요되는 시간을 측정하여 사후 경과 시간을 추정한다.

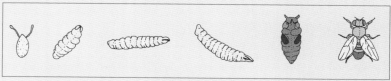

파리의 성장 단계

### 3. 법곤충학을 통한 사망 시간 추정은 얼마나 정확한가?

우리나라 범죄 수사에서 곤충학을 적용하기 시작한 것은 오래되지 않아서, 곤충의 생활사를 이용한 사망 시간 추정은 최근에서야 일부 사건에 적용해 활용됐다. 곤충 성장에 영향을 미치는 요인은 매우 많으며, 각 요인에 따라 성장 속도가 달라서 정확한 사후 경과 시간을 추정하는 것이 불가능하기 때문에 약간의 오차는 어쩔 수 없이 발생하지만, 그럼에도 불구하고 수사에 많은 도움을 주고 있다. 사후 경과 시간을 추정하는 확실한 방법은 아직 개발되지 않았지만, 수사관들은 여러 방법을 다양하게 적용하여 좀 더 정확한 사망 시간을 산출하기 위하여 노력하고 있다.

# 본격적인 수사 착수

"앤, 부검 결과도 나왔어. 하지만 시신이 워낙 부패해서 사인은 알 수가 없대. 머리에서는 약간의 함몰된 부분이 관찰되는데 이것 때문에 사망한 것 같지는 않다는 소견이야. 그리고 다른 여러 전문 분야의 결과가 나와 봐야 좀 더 정확한 것을 알겠지만, 부검 결과로는 다른 사인을 찾을 수 없대."

큐는 말을 마치려다가 한 가지가 더 생각난 듯 덧붙였다.

"아, 그리고 치아로 변사자의 연령을 측정했는데 약 45세 정도의 남자라는 결과가 나왔고, 신원 확인을 위해 뼈의 유전자 분석도 의뢰했어."

## 사망자의 신원 확인은 어떻게 할까?

신원불상자에 대한 사망자의 신원 확인은 다양한 분야에서 이루어진다. 하지만 완벽한 신원 확인을 위해서는 다음의 여러 방법을 사용하여 분석한 후 그 결과들을 종합하여 판단하게 된다.

1. 외관적 특성에 의한 신원 확인

신체적 특징, 착의 상태 관찰, 소지품 조사로 동일성 여부를 판단한다.

## 2. 치과적 특성에 의한 신원 확인

생전의 치과 치료 자료와의 비교, 치아의 마모도에 의한 연령 추정, 두개골에서 생전의 얼굴을 복원함으로써 신원을 확인한다.

## 3. 유전자 분석에 의한 신원 확인

신원 확인을 하는 데 가장 확실하면서도 많이 사용되고 있는 방법으로, 사망자의 유전자를 분석하여 생존해 있는 다른 가족들의 유전자와 비교하거나 사망자가 생전에 쓰던 물건에서 검출한 유전자형과 비교하여 동일성 여부를 판단한다.

이 외에도 법의학적 감정, 물리학적 감정, 화학적 감정 등 다양한 분석 방법이 사망자의 신원 확인 작업에 응용되고 있다.

## 치아를 이용한 연령 측정

사람이 음식물을 씹어 먹는 과정에서 치아는 조금씩 마모되는데, 이 마모 정도로 연령을 측정할 수 있다. 하지만 개인의 씹는 습관 등에 따라 마모도에는 차이가 있게 마련이어서 추정 연령에 오차가 생길 수 있다는 것은 항상 염두에 두어야 한다.

"변사자가 사망하여 유기된 지 열흘 정도 지났으니까, 역으로 환산해서 그 날짜 즈음에 실종 신고된 사람들에 대해 집중적으로 조사하면 될 것 같아."

**앤**과 **큐**는 전국적으로 실종 신고된 사람들을 대상으로 변사자와 비슷한 사람이 있는지를 검색하였다. 추정된 날짜를 전후하여 실종된 사람들 중 40대 중반인 사람을 검색한 결과 2명으로 범위가 좁혀졌다. 한 명은 서울, 다른 한 명은 경기도 여주에 사는 사람이었다.

"거 참, 구더기도 수사에 필요할 때가 있네. 우리 주위의 모든 것이 수사에 참고는 물론 결정적인 단서까지도 될 수 있는 것 같아."

큐가 착착 진행되는 신원 확인 작업에 신이 나서 말했다.

앤과 큐는 검색 결과 나온 두 명의 가족에게 연락하여 변사자 확인을 하였다. 경기도에 사는 사람은 신체적 특징이 비슷했지만 실종 당시의 옷차림과 시신의 옷차림이 전혀 맞지 않았다. 또한 서울에 사는 사람은 연령을 잘못 기재하여 전혀 다른 나이의 사람인 것은 물론 옷차림의 일부도 일치하지 않아 변사자와는 관련이 없는 것으로 최종 결론을 내렸다.

"아이고, 좋다 말았네. 좀 쉽게 넘어가나 했더니."

큐가 아쉬운 듯한 표정을 지으며 말했다.

"할 수 없지 뭐. 변사자의 신체적 특징, 착의 상태 등을 자세히 기록해서 공개적으로 신원을 알아내는 것이 좋을 것 같아."

변사자의 신원을 확인하기 위해 앤과 큐는 변사자의 신체적 특징 및 옷

차림에 대해 정확하게 기록한 내용을 CSI-TV 공개 수배 프로그램 담당자에게 보냈다.

프로그램이 방송된 바로 다음날, 한 여인이 '변사자가 자신의 남편 같다' 며 전화를 걸어 왔다. 옷과 신체적 특징 및 추정되는 실종 일자도 거의 맞다는 것이다. 큐는 이 여인에게 시신이 안치되어 있는 병원으로 와서 남편이 맞는지 확인해 줄 것을 요청했다.

얼마 지나지 않아 병원에 도착한 여인은 시신이 안치되어 있는 영안실로 향했다. 시신을 덮은 흰 천을 들추자마자 여인은 금방 남편임을 알아보며 오열하기 시작했다. 이 광경을 지켜보던 앤은 마음이 무척 아파 왔지만 그래도 확인 작업은 해야만 했다.

"남편이 틀림없으신가요?"

"네, 맞아요. 옷도 맞고 치아를 보니 더욱 확실하게 알 수 있어요. 애 아빠는 치아가 특이해서 금방 알아볼 수 있어요. 옷차림도 집에서 나갔을 때와 같아요. 그때 나갈 때 입고 나간 옷 맞습니다."

"그런데 어떻게 이런 시골 마을에까지 오게 되었을까요? 혹시 주위에 원한을 살 만한 사람이 있었나요?"

"잘 모르겠어요. 직장에서의 일을 집에서 전혀 말하지 않으니까요."

"언제 실종되셨습니까? 실종 신고는 왜 안 하셨지요?"

"10여 일 전에 출장을 간다며 집을 나섰는데, 통 전화를 받지 않아서 많이 바쁜가 보다 했지요. 설마 이런 일이 일어났으리라고 생각이나 했겠어요."

변사자는 서울에 사는 유재선 씨인 것으로 확인되었다. 신원이 확인되자 수사도 활기를 띠기 시작했다.

유재선 씨가 다니던 회사는 전자제품 부품 제조사인 산남주식회사로, 사원은 250명 정도 되었다. 이 회사는 최근의 IT 바람을 타고 사세가 급속도로 확장되어 발전하는 가운데, 공장 부지 옆에 같은 규모의 공장을 증설하는 작업을 하고 있었다, 유재선 씨는 이곳 공사장을 관리하고 있었다.

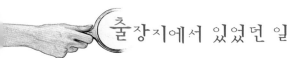

# 출장지에서 있었던 일

유재선 씨는 실종되기 전에 강원도 원주시에 짓고 있는 공장의 공사 현장으로 1주일간 출장을 간 것으로 확인되었다. 실종된 것은 출장을 간 지 2~3일째 되는 날인 것으로 추정되었다. 출장지의 동료들을 상대로 그의 행적을 추적한 결과, 출장지에 온 유재선 씨는 첫날은 늦게까지 회식을 하고 술을 마셨다. 그리고 다음날 아침에 출근해서 하루 종일 근무하고 저녁 식사까지 사람들과 같이 한 후에 '어제 술을 너무 많이 마셔 숙취가 심하다'며 먼저 숙소로 가겠다고 한 것이 마지막이었다고 한다. 그곳은 유재선 씨가 전혀 아는 사람이 없는 곳으로, 회사 사람 외에는 만날 사람도 없을 뿐 아니라 특별히 갈 만한 곳도 없었다.

"그런데 왜 현장에서 30분씩이나 걸리는 장소에서 주검으로 발견됐을까? 사건은 분명히 밤 사이에 일어난 것이 확실한데 말이야."

앤이 골똘히 생각하는 표정으로 말했다.

"숙소로 돌아간다고 말했다고 하니까 그 다음부터의 행적을 조사하자. 우선 유재선 씨가 숙소로 잡아 놓은 단구모텔로 가 보자."

앤과 큐는 단구모텔에 가서 그의 숙박 기록이 있는지와 언제 들어왔는지를 확인하였다. 모텔 주인의 말로는 숙박 예약 여부를 확인한 후 바로 "식사를 하고 들어오겠다"면서 나갔다고 했다. 그리고 밤에 들어왔는지는 모르겠지만 그 이후에 유재선 씨를 본 적이 없었다고 한다.

"혹시 아침에는 있었나요?"

"저희는 모르지요. 아침에 깨워 달라는 얘기가 없으면 깨우질 않으니까요. 그리고 그 손님은 며칠을 더 묵을 예정이었고, 또 자기 방은 치우지 말라고 해서 그 방은 그 이후에도 건드리지 않았어요."

이후 그의 행방은 묘연했다. 유재선 씨를 본 사람은 아무도 없고, 또 그가 어디에 갔는지도 전혀 알 수 없었다. 혹시 그가 주위 사람들에게 전화한 기록이 있는지에 대해서도 조사했지만 회사 동료 몇 명을 제외하고는 특별히 다른 사람과 통화한 내용도 없었다. 동료들과 업무 관계로 몇 통의 전화를 했고, 이들과 통화한 시간은 저녁 8시에서 9시 사이에 집중되어 있었다. 그 후 유재선 씨의 통화 기록은 남아 있지 않았다.

**앤**과 **큐**는 유재선 씨와 통화한 사람들에 대해 우선적으로 조사를 시작했다. 통화를 한 사람들에게 전화를 하여 유재선 씨와 통화한 내용을 물어보니, 이들은 업무 때문에 그와 전화를 했다고 한다. 또한 대부분 옆에서 들리는 소리가 매우 시끄러웠던 것으로 보아 전화를 한 장소가 술집인 것으로 생각된다고 진술했다. 한 사람만이 그렇게 시끄럽지는 않았지만 음악 소리가 들린 것으로 기억이 난다고 했다. 이들 통화한 사람들의 내용을 종합하면 그는 분명 술집 또는 커피숍 같은 곳에서 누군가를 만나고 있었던 것이 분명하였다.

"그러면 그 회사의 거래처 사람들과 술을 먹은 것은 아닐까? 아무래도 범위를 좀 더 넓혀서 여러 사람을 대상으로 심도 있는 조사를 해야겠어. 유재선 씨의 주변 인물과 최근 행적을 샅샅이 조사하자."

"그래. 회사 또는 유재선 씨의 주변인 중 그와 직접적으로 관련이 있는 사람들을 우선적으로 조사하고, 채무 관계라든가 이권 관계 등도 철저히 알아보자."

유재선 씨의 주변 사람들에 대한 조사가 진행되었다. 채무 및 이권 관계 또는 원한 관계가 있는지 등의 여부를 자세히 조사했지만 유재선 씨의 최근의 행적과 행동에 관해 별다른 얘기를 하는 사람은 없이 모두가 "그는 잘 지내고 있었다"라고만 말했다. 또한 그는 금전적인 거래를 전혀 하지 않아 사람들과 금전적으로 엮인 문제는 없는 것으로 나타났다.

하지만 조사를 하던 중 한 사람으로부터 중요한 얘기를 들을 수 있었다. 그도 별로 내키지 않는 듯 말을 꺼내려다 말았지만 앤과 큐가 이리저리 말을 돌려 결국 한마디를 얻어 낼 수 있었다.

"혹시 그가 다른 사람과 원한 관계라든가 아니면 최근에 뭐 다른 행동의 변화를 나타낸 것은 없었는지요?"

"글쎄요. 뭐 특별히 원한 관계나 그런 것은 없었습니다. 단지……."

"단지, 뭐요?"

큐가 머뭇거리는 그를 보고 답답하다는 듯 되물었다.

"……."

그는 한참을 망설이더니 얘기를 꺼냈다.

"인사 문제 때문에 사이가 안 좋은 사람이 있었어요. 그런데 사실 그렇게 심각한 것은 아니었는데……."

"네? 그 사람이 누군데요?"

"그, 주재현 씨라고 있어요."

"네, 주재현 씨요?"

큐는 이미 주재현 씨가 그날 유재선 씨와 전화 통화한 사람 중 한 명이라는 것을 알고 있었던 터였다.

"그 사람 어쩐지……. 비슷한 시간대에 유재선 씨와 통화를 했다는 다른 사람들은 모두 시끄러운 곳으로부터 전화를 받았다고 했는데, 주재현이라는 사람만 음악 소리가 들렸다고 해서 좀 이상하다 싶었어. 어쩐지 좀 더듬는 게 자신 있게 말하는 투가 아니었거든."

"큐, 하지만 그 사람은 그때 집에 있었다면서?"

"그렇긴 하네."

"그럼 그 시간에 만나서 누구와 술을 마셨는지부터 알아보고 그 사람을 집중적으로 조사를 해야겠어."

"그건 네가 좀 해 주지 않을래? 나는 주재현 씨의 행적에 대해 좀 더 구체적으로 조사를 해야 할 것 같아."

앤은 다시 유재선 씨가 출장을 간 곳으로 가서, 그 회사의 출장소를 중심으로 직원들이 많이 가는 술집들을 모두 뒤지며 유재선 씨를 기억하는 사람이 있는지를 물었다. 다행히 회사 근처에 술집이라고는 몇 곳밖에 없었다. 그중에서 회사 동료들이 말한 분위기의 술집은 딱 한 집이었다. 그 집의 종업원들에게 주재현 또는 유재선 씨에 대해 알고 있는지 물었지만 그들 중 아는 사람은 전혀 없었다. 할 수 없이 유재선 씨의 옷차림과 얼굴 생김새를 자세하게 설명하며 기억을 유도하였다. 유재선 씨의 옷차림은 회사 작업복으로 흔한 것이 아니었기 때문에 이야기를 하다 보면 그런 옷차림을 한 그를 기억하는 사람이 나타날 수도 있었기 때문이었다.

다행히 그와 비슷한 사람이 왔다 간 것 같다는 진술을 확보할 수 있었다. 그 사람과 같이 술을 마신 사람은 그 술집의 단골손님으로, 다른 직원들과 자주 들른다고 했다. 조사 결과 그 사람은 유재선 씨가 다니던 회사의 협력 업체에 근무하는 사람으로, 그날 공사 대금 문제로 유재선 씨와 협의할 일이 있어 잠시 만나 얘기를 나눈 후 유재선 씨가 다른 사람과 약속이 있다고 해서 그는 집으로 바로 돌아갔다고 했다.

"아마, 두 분이 잘 아는 사이인 것 같았습니다. 어떻게 여기까지 왔느냐며 반갑게 맞이했으니까요."

"그때가 몇 시였습니까?"

"대략 밤 10시는 조금 넘었던 것 같았습니다."

'그러면 10시 이후에 만난 그 사람은 누구일까? 반갑게 맞이했다? 그럼 잘 아는 사람이라는 것인데…….'

앤은 한참을 생각하며 조금이라도 가능성 있는 사람들을 머릿속에 떠올리기 시작했다.

'인사 문제로 다툼이 있었다? 큐가 열심히 주재현 씨의 주변 이야기를 캐고 있겠지? 어딘가 지어낸 듯한 그의 전화 통화 내용……, 그리고 그 협력업체 직원이라는 사람, 헤어지는 척하면서 일을 벌인 것은 아닐까? 유재선 씨가 나중에 만난 사람은 과연 누구일까? 협력업체와의 갈등은 없었을까?'

수많은 의문이 앤의 머릿속을 가득 채웠다.

 또 다른 사람

고민을 거듭하던 가운데 앤은 뜻밖의 전화를 받았다. 유재선 씨를 사건 당일 만났다고 하는 협력업체 사람이 "유재선 씨가 사망했다는 소식을 들었다"며 전화를 해 온 것이다.

"그때 나중에 만난 사람이 타고 온 차가 있었습니다. 색깔은 남색이었는데 주차하는 것을 보았습니다."

"혹시 차량 번호는 기억하십니까?"

"차량 번호는 전혀 기억이 안 나지만, 차량 색은 분명히 남색 계통이었습니다."

앤은 무엇인가 짚이는 것이 있는 듯 급하게 큐에게 전화를 했다.

"큐, 잘 진행되고 있어? 혹시 그 사람 차량이 무슨 색인지 알아냈어?"

"차량 색은 또 왜?"

"그 사람 차량 번호하고 색상을 빨리 조사해야겠어. 유재선 씨가 협력업체 사람을 만난 후 다른 누군가를 만났는데, 지금 그 협력업체 사람이 나에게 전화를 걸어서 말하길 나중에 만난 사람의 차량이 남색 계통의 색이라는 거야."

"알았어, 알아볼게. 그거야 일도 아니지."

큐는 바로 회사 동료 중 주변 사람들의 차량을 조사한 후 앤에게 전화를 하였다.

"앤, 차량 중 남색 계통은 그 사람뿐이야."

"그 사람? 누구?"

"그 전화 통화를 한 사람 말이야."

"그렇지! 그럴 줄 알았어. 큐! 좀 더 집중적으로 그 사람을 조사해 봐. 혹시 우연히 색깔이 같을 수도 있으니까. 난 이곳을 정리하는 대로 바로 출발할게."

큐는 그를 조사하기 위해 주재현 씨의 직장으로 다시 돌아갔다. 그리고 주재현 씨를 만나 자세한 조사를 시작했다.

"그때 어디에서 그 사람에게 전화를 하셨습니까?"

"집에서 했는데요."

"집에서 했다고요? 그런데 원주에서 당신의 차를 목격한 사람이 있는데 어떻게 된 것입니까?"

"잘못 본 것이겠지요. 저는 집에 있었는데요."

"그것은 직장에서 업무용으로 쓰고 있는 휴대전화였군요. 주재현 씨는 휴대전화가 따로 있나요?"

"네, 그렇습니다만⋯⋯."

"거기는 왜 가셨습니까?"

"저는 집에 있었다니까요."

"자꾸 거짓말하지 마세요!"

"⋯⋯."

주재현 씨는 흘끔흘끔 눈을 흘기면서 고민하는 눈치였다. 큐는 그의 마음이 반쯤은 흔들리는 것으로 판단하고 좀 더 강하게 조사를 진행했다.

"그곳에 가서 무엇을 했습니까? 유재선 씨하고 술을 한잔 하신 것 같은데, 술이 좀 과하셨지요?"

충분히 유추할 수 있는 일들이었다. 아니 지금까지의 수사 결과로는 분명히 들어맞을 것이라고 생각하고 주재선 씨를 압박하기 위해 구체적인 것까지 거론하였다.

"그 다음에는 어디로 가셨나요?"

"⋯⋯."

그는 여전히 입을 다물고 있었다. 직접적으로 압박하여 오는 순간순간이 아마 그의 가슴을 찌르고 있었는지도 모른다. 아무리 흉악한 범죄를 저질렀어도 사람이 라면 최소한의 양심은 있는 법, 그는 구체적인 증거 앞에서 무너져 가고 있었다. 그는 분명 마음의 갈등을 느끼고 있었다. 그 순간 무엇인가 말할 것 같은 그의 입을 큐가 놓칠 리 없었다.

"당신의 차량이 그 사건이 일어나기 전인 그날 저녁, 원주행 고속도로에 설치되어 있는 과속단속 카메라에 찍혔어요. 뭐가 그리 급해서 그렇게 달리셨는지요?"

"사실 일이 있어서 그 친구를 만나러 갔었습니다."

"그런데 왜 거짓말을 하셨어요? 다 알고 있으니까 이제 얘기를 하세요."

"아닙니다. 저는 급하게 업무를 협의하려고, 아니 사실은 오해를 풀기 위해 갔습니다. 그리고 술을 마시면서 어느 정도 오해를 풀고 헤어졌습니다."

조사를 하는 도중에 앤이 도착하였다.

"큐, 이 사람이 맞아?"

"응. 결정적인 단서가 있어. 그 차량의 번호가 원주로 가는 도로에 설치되어 있는 과속단속 카메라에 찍혔어."

"꼼짝 못할 단서군."

"수사상 먼저 그것을 가르쳐 주면 이 친구가 무슨 이유를 대거나 또 거짓말을 할 것 같아서 비장의 증거물로 가지고 있었지. 그런데 이 친구가 거기까지는 인정하는데 살인 혐의는 부인하고 있어. 유 씨와 만나긴 했지만 이내 헤어졌다는 거야."

"그러면 뭔가 구체적인 증거가 필요한데⋯⋯. 나중에 자기는 죽이지 않았다고 하면 그만이잖아. 거기까지 가서 같이 술을 먹기는 했지만 죽이지는 않았다고 하면 그만 아냐."

"큐, 이건 좀 무모한 것 같기는 한데⋯⋯. 옷이나 신발 등은 이미 다 세탁을 해서 증거가 남아 있지 않겠지? 신발에 묻은 토양하고 시신이 있던 곳의 토양의 동일성 여부를 대조해 보면 어떨까?"

"좋은 아이디어 같은데 시간이 너무 많이 흘러서⋯⋯. 과연 가능할까?"

"어쨌든 유심히 살펴보자고."

어느 정도 정황을 포착한 앤과 큐는 좀 더 확실한 증거를 잡기 위해 모든 가능성을 생각하기 시작했다. 모든 사건이 그렇듯이 시간이 많이 흐르면 증거가 될 수 있는 것들이 고의적 또는 자연적으로 변형되거나 없어져 수사가 매우 어려워진다. 주재현 씨의 신발을 유심히 살펴보던 **큐**가 **앤**에게 말했다.

"**앤**, 저 사람 신발 좀 봐."

"왜?"

"구두는 갈색인데 무엇인가에 긁힌 흔적이 녹색 빛을 띠고 있어. 혹시 그가 산에 갔다가 이끼가 있는 무엇인가에 긁힌 흔적 아닐까?"

"그런데 아직까지 이끼가 남아 있을까?"

"신발과 차량 등을 조사하면 무엇인가 나올 것 같아. 주재현 씨 소유 차량에서의 혈흔 검출 여부, 신발에서의 토양 검출 여부를 알아보고 그때 입은 옷도 압수해야겠어."

주재현 씨 소유의 차량과 신발 그리고 피해자와 만난 날 그가 입은 옷 등을 압수한 **큐**와 **앤**은 물품들을 자세히 조사하였다.

"신발은 밑창 부분을 보니 흙 종류는 전혀 보이지 않는 것 같고…… 긁힌 부분은 자세히 보니까 이끼류는 아닌 것 같아. 그래도 전문가가 보는 것은 다를 수도 있으니 일단 검사를 의뢰해야겠어."

"좋아. 차량도 전문가에게 맡겨 혈흔 검출 여부를 실험하자. 혈흔이 검출되면 당연히 유전자 분석을 실시해서 유재선 씨와의 동일성 여부를 알아봐야 할 것 같아. 그리고 입었던 옷도 이미 세탁을 한 상태 같은데 유재선 씨의 혈흔 검출 여부를 의뢰해야겠어."

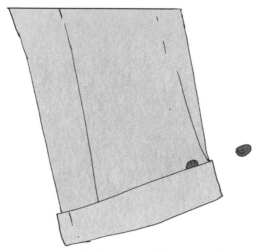

# 바짓단에서 발견된 풀씨들

"앤, 이것 봐!"

주재현 씨의 바지를 뒤집어 안쪽을 살피던 큐가 바지 끝의 접혀진 부분에서 무엇인가 만져진다며 앤을 불렀다.

"이건 뭐지?"

큐가 바지의 끝을 다시 천천히 만지며 잠시 생각을 하더니 증거물 수집용 종이를 갖다 줄 것을 앤에게 부탁했다. 그리고 바짓단을 뒤집어 무엇인가를 털어 냈다.

"앤, 이 장면 사진을 좀 잘 찍어 놓자. 아주 중요한 단서가 될 것 같아."

큐가 주재현 씨에게 물었다

"최근에 이 옷을 입고 어디 갔다 오셨습니까? 혹시 산 같은 곳에 가셨나요?"

주재현 씨의 바짓단에서 나온 풀씨

"글쎄요……."

한참을 생각하더니 주재현 씨가 말했다. 그는 순간적으로 본인이 그 야산에 안 갔다고 이야기해야 한다고 생각했을 것이다.

"아니요, 양복을 입고 산에 가는 사람이 어디 있습니까? 그리고 최근에는 산에 갔다 온 적이 없습니다. 저는 거기서 술 마신 것 외에는 서울을 벗어난 적이 없습니다."

"네, 알겠습니다."

큐는 그가 범인이라는 것을 확신하듯이 재빨리 말을 끊고 이제는 분석 결과에 따라 확실하게 판단해야겠다는 생각이 들었다. 더 이상 대화를 통해 그에게서 증거를 이끌어 내는 것은 시간 낭비이니 과학적 분석 결과에 의한 확실한 증거를 확보하고자 한 것이다.

"앤, 지금까지의 결과를 종합하면 이 사람이 거의 범인이 확실해."

"그런데 어떻게 그런 것까지 생각할 수 있었어? 풀씨 같은 거 말이야."

"사실은 풀씨를 발견하려고 살펴본 건 아니고, 철저하게 증거물을 보는 과정에서 풀씨를 발견하게 된 거야."

"풀씨가 과연 증거가 될 수 있을까?"

"앤 기억 나? 어렸을 적에 들에 나가서 돌아다니다 보면 호주머니고 뭐고 잔뜩 풀씨가 들어 있었던 거 말이야. 그리고 옷에는 끈끈한 것, 도깨비바늘처럼 옷에 딱 달라붙어서 어지간해서는 잘 떨어지지 않는 것이 수도 없이 많이 붙어 있었잖아."

"맞아. 게다가 그것들은 세탁을 해도 잘 떨어지지 않아서 일일이 다 떼어 내도 깔깔한 것이 남아 몸을 가렵게 하기도 했지. 저번에 우리가 사건 현장에 갔다 온 후에도 그것들을 떼어 내는 데 애를 먹었잖아."

"아주 힘들었지. 그때 골탕을 먹인 놈들이 지금은 우리에게 좋은 선물을 하고 있는 셈이네. 그런데 이 사건 현장을 생각해 보니 풀이 사람 키 높이까지 자라 있었잖아? 그렇다면 용의자의 바지 호주머니에서도 풀씨가 발견될 것 같아. 호주머니를 뒤집어 보면 알 수 있지 않을까?"

큐는 주재현 씨의 바지 호주머니도 뒤집어서 털어 보았다. 역시 예상이 적중했다. 몇 개의 풀씨가 떨어져 나온 것이다.

"이것 봐! 내 예측이 들어맞았지? 이제 현장에 있는 풀들의 씨앗과 비교해 보면 그가 확실하게 그곳에 갔는지를 판단할 수 있을 거야. 우리 옛날에 배웠잖아. 식물은 씨앗의 생김새나 꽃가루 모양 등이 종자에 따라 모두 다르다고 말이야. 빨리 의뢰해서 동일성 여부를 판단해야 할 것 같아."

모든 증거물이 국립과학수사연구소로 보내졌다. 감정 결과에 따라 수사는 전혀 다른 방향으로 흐를 수 있기 때문에 앤과 큐는 바짝 긴장한 상태로 감정 결과를 기다렸다. 만약 현장의 토양과 동일한 토양이 신발에서 검출된다면 그가 범인임이 확실하다 할 수 있고, 그의 차량에서 유재선 씨의 유전자형이 검출된다면 그것은 더욱 더 확실한 증거가 될 것이었다. 또한 그의 옷에서 발견된 풀씨가 유재선 씨를 발견한 곳의 풀씨들과 같은 것이라면 그가 그곳까지 갔다는 것을 입증하는 것이기 때문에 용의자가 더 이상 범행 사실을 부인하기는 어렵게 된다.

## 감정 결과

큐는 식물학적 감정 결과와 그때 함께 의뢰한 증거물에 대한 감정 결과를 조급하게 기다리다 못해 결국 이번 사건을 담당하고 있는 국립과학수사연구소의 신 박사에게 전화를 걸었다.

"의뢰하고 며칠 되지도 않아서 전화를 드려 죄송합니다만, 혹시 그 사건의 결과가 나왔습니까?"

"네? 아, 그 변사 사건의 결과라면 이미 나와 있습니다. 의뢰하신 내용이 신발, 의류, 차량 등이었지요? 신발에서는 이끼류 검출 여부, 흙 성분 동일성 여부, 풀씨의 동일성 여부, 그리고 차량에서 혈흔이 검출되는지 여부 등 많은 것을 봐 달라고 의뢰를 하셨는데……."

"좀 의미 있는 결과가 나왔습니까?"

"글쎄요. 정확한 것은 나중에 감정서를 통해 알려드리겠지만 일단 수사를 위해서 간단히 설명을 드릴게요. 우선 신발에 묻은 이끼류 또는 식물 등에 문질러진 흔적이라고 여겨진 것 있었죠? 그건 일단 식물 종류가 아닌 것으로 판단되었어요. 식물이라면 그곳에서 식물의 세포가 발견되어야 하는데 전혀 관찰되지 않았고, 화학적 분석 결과 페인트 종류임이 확인되었어요. 또 신발에서는 흙 성분이 전혀 검출되지 않았습니다. 그리고 차량에 대한 감정은 아직 진행 중입니다. 바짓단에서 발견된 것은 일단 풀씨가 맞는데 시신이 발견된 곳의 식물 씨앗들을 수거해서 같은 것인지를 밝혀야 할

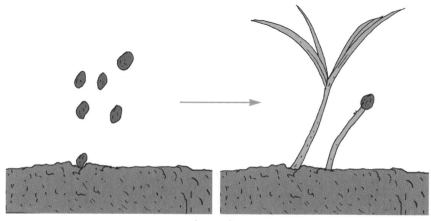

씨앗의 성장과정

것 같습니다. 안 그래도 이 점 때문에 전화를 드리려고 했는데, 현장 식물들의 조사를 위해 저와 같이 현장으로 가 주셨으면 합니다."

신 박사는 앤 일행과 함께 현장으로 가서 주위에 있는 식물들의 잎과 씨앗 등에 대해 조사를 진행하며 현장의 풀과 풀씨들을 신중하게 채취했다. 이번 사건에 있어서 현장의 풀과 바짓단에서 나온 풀씨가 동일한 식물이라면 범행 장소를 확인하는 데 있어서 유용한 단서가 될 수 있었다.

며칠이 지나 앤과 큐는 신 박사로부터 감정 결과를 통보 받았다.

"바짓단에서 발견된 풀씨는 그 지역에서 발견되는 풀 종류와 일치하는 것으로 나타났습니다. 그리고 적은 양이긴 하지만 변사자의 차량 뒷좌석 밑에서 혈흔이 검출되었습니다. 유전자 분석은 다소 시간이 걸릴 것으로 생각됩니다."

"네, 알겠습니다. 최대한 빨리 부탁드리겠습니다. 그런데 박사님, 씨앗만 가지고도 풀의 종류를 알 수 있나요?"

"그럼요."

"그렇다면 저한테 좋은 아이디어가 있는데요. 간단하고 확실한 방법입니다."

"어떤 방법이에요? 알면 좀 가르쳐 주세요."

"그 풀씨들의 일부를 따뜻한 온실에 심어 며칠이 지나면 싹이 나고 풀이 솟을 테니, 그렇게 되면 어떤 종류의 식물인지를 알 수 있을 것 같아요."

"네, 좋은 생각입니다!"

큐가 어깨를 들썩이며 우쭐해했다.

"내 생각도 꽤 유용할 때가 있단 말이야! 앤, 주재현 씨를 체포해야겠어. 이제 확실해진 거야. 그 지역의 풀씨까지 발견되었고 차량에서 혈흔까지 발견되었으니 더 이상 주재현 씨도 거짓말을 할 수는 없을 거야."

앤과 큐는 주재현 씨의 직장으로 향했다.

"주재현 씨, 그동안 안녕하셨습니까? 결정적인 감정 결과가 나왔으니 이제는 사실을 얘기하셔야 될 것 같습니다."

앤이 큐의 말을 거들었다.

"주재현 씨의 바짓단에서 발견된 씨앗이 시신이 발견된 곳의 풀들의 씨앗과 동일한 것으로 밝혀졌고, 당신의 차량에서도 혈흔이 검출되었어요. 유전자 분석이 끝나면 그것이 유재선 씨가 흘린 피인지 여부가 드러나겠지요."

한참을 머뭇거리던 주재현 씨가 입을 열었다.

"죄송합니다. 사실 그냥 밀쳤는데 그 친구가 넘어지면서 부딪친 거예요! 저는 그냥 밀친 죄밖에 없습니다."

"경찰서에서 자세히 진술해 주세요. 지금 말하셔도 소용 없습니다."

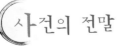

## 사건의 전말

모든 것을 포기한 듯한 주재현 씨는 조심스럽게 당시 상황을 말하기 시작했다.

"처음에는 좋게 지난 일을 다 잊고 잘 풀어 나가자는 얘기로 시작했는데 갑자기 그 친구가 진급 얘기를 꺼내는 바람에 기분이 확 상해 버렸습니다. 부끄럽지만 저는 이번 진급 대상에서 제외가 되었는데, 그 친구가 그것은 곧 제가 노력을 하지 않은 결과여서 그런 것이라고 말을 해 말싸움이 시작됐습니다."

"그런데 거기에는 어떻게 가게 된 것입니까?"

"사실 그 전날 전화 통화를 하면서 잘해 보자고 했습니다. 그리고 그 친구도 '내가 있는 곳이 그리 멀지도 않으니 그냥 와서 술이나 한잔 하면서 오해를 풀자'고 했습니다. 시간 있으면 술이나 한잔 하자고 해서 그러자고 한 거지요."

주재현 씨는 목이 마른 듯 물을 청해 마시고는 말을 이어 갔다.

"그런데 그 시간에 집에서 전화 통화를 했다면서요?"

"제가 집에 도착하자마자 집사람에게 말했지요. 그 친구에게 지금 간다는 전화를 해달라고 집사람에게 부탁했는데……. 집사람이 깜박 잊고 시간이 지난 다음에 전화를 한 것 같습니다. 사실 좀 그렇잖아요……. 서로의 가족을 아는 처지였기 때문에 전화를 좀 해 달라고 했을 뿐입니다."

"술을 마신 다음에 어떻게 된 것입니까?"

"술을 먹는 도중에 시비가 붙었어요. 술집에서는 창피하니까 다른 곳으로 자리를 옮기고 계속 이야기하자고 했습니다. 차를 타고 가면서도 술이 꽤 취했는지 그 친구가 그동안 맺힌 모든 것을 말하며 제 감정을 건드리더군요. 저도 술을 꽤 마셨는데 그냥 차를 몰고 계속 달리다 보니 저도 모르는 어느 한적한 곳까지 가게 됐습니다. 그런데 그 친구가 갑자기 '오늘 어디 한번 죽기 살기로 붙어 보자'며 싸움을 걸어 왔습니다. 그래서 둘이 차에서 내려 길가에서 한참을 옥신각신하다가 화가 나서 가슴을 세게 밀었는데, 그만 그 친구가 맥없이 길가의 고랑으로 쓰러졌습니다. 약간 경사진 곳이 있었던 것 같은데 어두워서 잘 안 보였습니다. 그런데 한번 쓰러지더니 일어나질 않는 것이었습니다. 처음에는 그저 술이 취해서 정신을 잃은 줄 알았는데, 좀 지났는데도 일어나지 않아 내려가 흔들어 보니 이미 축 늘어져 있었습니다."

"그래서 유기 장소까지는 어떻게 옮겼습니까?"

그는 계속 목이 마른 듯 연방 물을 마셔가며 그동안의 얘기를 했다.

"정말 그러려고 한 것은 아니었는데……. 너무 무서운 겁니다. 그리고 숨기고 싶었습니다. 그 친구를 차에 싣고 무작정 달렸습니다. 어느 정도 왔다 싶었는데 집이 많이 보이기 시작했습니다. 거의 서울 쪽에 다다른 것 같아 일단은 무작정 길가에서 벗어나 작은 마을 입구까지 갔습니다. 그리고 길이 끝나는 지점에서 수풀이 있는 곳으로 끌고 가 내려놓고 낙엽 따위로 마구 덮고 나서 집으로 돌아왔습니다. 어떻게 집에 왔는지는 기억도 잘 안 납니다."

그가 계속 말을 이어 갔다.

"그 친구하고 처음에는 사이가 좋았습니다. 그러다 어느 날부터 금이 가기 시작했는데 도저히 그를 용서할 수 없었습니다. 몇 해에 걸쳐서 계속 저를 교묘하게 괴롭히는데, 정말 미치겠더군요."

"그래서 죽일 생각을 했습니까?"

"아닙니다. 아까 말했듯이 술이나 한잔 마시면서 풀어 보려 했습니다."

"왜 그 사람이 당신을 괴롭히기 시작한 겁니까?"

"저도 정말 그 친구가 왜 저를 그렇게 미워했는지 모르겠습니다. 친구의 모함으로 제가 진급에서 탈락했습니다. 저하고는 특별한 원수 질 일도 없는데 그 친구가 왜 제게 그렇게 했는지 이해할 수가 없어요. 회사 동료가 그러더군요. 제가 술 먹고 회사에 대해 안 좋은 이야기를 한 것을 유재선 씨가 사장한테 일러바쳐서 결국 사장을 화나게 했고, 그래서 이번 승진에서 제가 완전히 제외되었다고 말입니다. 그래도 참았습니다. 그런데 얼마 전에 그 친구를 만났을 때 그가 '이번에 또 떨어졌다면서?' 라고 빈정거리더군요. 저는 그 친구하고 원한을 살 만한 일이 없었습니다. 사내에서는 항상 경쟁자 관계이긴 했지만 사실 저는 크게 경쟁한다는 생각도 안 했습니다. 그런데도 그 사람은 계속 저를 모함하고 중간에서 이간질하는 등 못살게 굴었습니다. 집요하게 계속되는 그의 행동이 싫었습니다. 하지만 그냥 그러려니 하고 참았는데…… 이제 다 털어놓고 고백을 하니 정말 속이 후련합니다. 죄의 대가는 마땅히 받겠습니다."

"큐, 이번엔 정말 큐의 예리한 감각이 빛났어. 어떻게 접힌 바짓단에서 풀씨를 찾을 생각을 했어? 정말 대단한 감각이야."

"뭐, 기본 아냐?"

"또 잘난 척한다."

"수사관은 사소한 것 하나라도 놓치면 안 되는 법이야. 가장 사소한 것 하나도 사건을 해결하는 데 있어서 결정적인 단서가 될 수 있거든."

"네, 알겠습니다, 큐 반장님!"

"참, 국과수로부터 최종 감정 결과가 왔어. 차량에서 검출된 혈흔의 유전자형 분석 결과 유재선 씨의 유전자형과 일치한대."

**사망한 지 오래되어 뼈밖에 안 남은 시신에서도 신원 확인이 가능할까?**

사망한 지 오래되어 뼈밖에 남지 않은 경우에는 육안으로 누구인지 식별할 수 없다. 물론 남녀의 구분, 키, 나이 등 법의학적인 신체 특징은 알 수 있지만 이것만으로는 유골이 누구인지 알 수가 없다.

유골의 신원 확인 방법으로 가장 오래 전부터 사용된 것은 슈퍼임포즈법이다. 이것은 변사자로 추정되는 사람의 생전 사진과 유골의 두개골 사진을 중첩하여 각각의 비교점이 일치하는지를 살펴보고 동일인 여부를 판단하는 방법이다. 하지만 정확도가 떨어져 최근에는 사용되지 않는다.

슈퍼임포즈법

복안법도 유골의 신원 확인에 사용되고 있다. 이는 변사자로 추정되는 사람이 전혀 없는 경우 두개골을 바탕으로 생전의 모습을 재현하는 방법이다. 최근에는 컴퓨터 프로그램을 이용하여 피부, 근육 등 각 부위의 수치를 입력해서 컴퓨터 그래픽으로 재현할 수 있다. 이 방법을 사용할 때에는 재현된 모습으로 변사자의 신원을 공개 수배하고, 추정되는 사람이 나타나면 유전자 분석 등 다른 방법으로 일치 여부를 판단하여 신원을 확실히

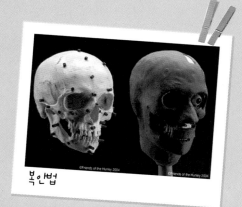
복안법

밝힐 수 있다.

가장 확실한 신원 확인 방법은 유전자 분
석이다. 이는 뼈 또는 치아 등의 유골 일부
에서 DNA를 추출해 유전자 분석을 하고,
추정되는 이의 가족 유전자형과 비교함으로
써 신원을 확인한다. 이 방법은 추정되는
가족이 많아도 사용할 수 있는
방법이고, 일치할 확률은 거의
100%에 달한다.

유전자 분석 1

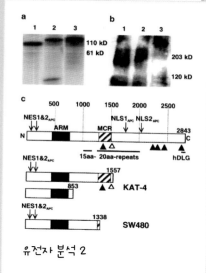

유전자 분석 2

CASE 7

# 부검 후 발견된
# 플랑크톤을 추적하라!

# 사건의 주요 내용

◉ 경기도의 지방 국도 주변에서 언덕으로 굴러 떨어진 자동차가 발견되었다. 단독 사고인지 뺑소니 사고인지는 알 수 없었으며 차량 및 주위를 샅샅이 수색했지만 현장에서는 피해자를 찾을 수 없었다. 다행이 목격한 사람이 기억한 차량 번호의 일부와 차량 페인트의 분석으로 가해 차량을 찾았고 범인이 검거되었다. 그는 순순히 범행을 자백하였다. 하지만 사망자의 장기에서 플랑크톤이 검출되면서 그의 거짓말이 드러났다. 수사관들은 범인의 거짓말에 놀라지 않을 수 없었다.

## 사건 발생 지역

관할 경찰서에 교통사고 신고가 접수되었다. 신고자는 우연히 길가에 차를 세워 두고 잠깐 볼일을 보던 중 교통사고가 난 차량이 눈에 띄어 신고를 하였다고 말했다. 또한 사고차량은 커브길에서 언덕으로 굴러 찌그러진 채 강가 옆에 엎어져 있다고 했다.

앤과 큐는 급히 사고 현장으로 출동했고, 신고자가 말한 장소를 찾았지만 이상하게도 교통사고의 흔적은 없었다.

"혹시 거짓 신고 아냐?"

사고가 난 지점을 찾지 못하자 성급한 큐가 한마디 했다.

"설마 그럴 리가 있겠어? 길 양 옆을 좀 잘 살펴봐. 혹시 모르잖아. 아마 산길이라서 그 사람이 정확한 위치를 잘못 설명했을 수도 있고 말이야."

"좀 더 걸으면서 양 옆을 잘 살펴봐야겠다."

주변을 살피던 **앤**이 **큐**를 불렀다.

"**큐**! 저기 저게 뭐지? 자동차 아냐?"

**앤**은 풀이 우거져 있어 잘 보이지 않는 곳에서 차량을 찾아냈다. 사고가 난 지점은 굽은 2차로 도로였으며 낮은 언덕과 작은 하천이 있었다. 얼마 전 온 비로 하천에는 물이 제법 흐르고 있었다.

사고가 난 도로는 많은 차가 지나다니는 곳이 아니지만 밤에는 가로등도 없는 데다 커브길이어서 사고가 잦은 편이었다. 사고 현장에는 교통사고 시 발견되는 스키드마크조차 없었으며 피해 차량이 급하게 길 옆으로 핸들을 꺾어서 생긴 것으로 짐작되는 바퀴 자국이 있을 뿐이었다.

현장 상황만으로는 운전자 실수로 급커브길에서 핸들 조작을 잘못하여 사고가 발생한 것인지, 다른 차에 부딪히거나 다른 차를 들이받아 사고를 낸 것인지를 구별할 수 없었다. **앤**과 **큐**는 자세한 감정은 전문가에게 맡기기로 하고 우선 차량과 탑승자를 수색하기로 하였다.

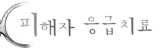

## 피해자 응급치료

**앤**과 **큐**는 곧장 언덕 밑으로 내려가 생존자가 있는지 살펴야 했다. 차량이 굴러 떨어진 곳에는 큰 나무 없이 작은 나무들만 있고, 완충 효과를 볼 수 있어서 생존자가 있을 가능성이 높았다.

"시간이 지났지만 생존해 있는 사람이 있을 수 있어. 그러니 빨리 내려가서 살펴보자!"

만에 하나 차량이 구르면서 탑승자가 퉁겨져 나갔을지도 모르기 때문에 **앤**과 **큐**는 차량이 미끄러진 흔적을 따라 내려가며 주위를 샅샅이 조사하였다. 도중에 풀이 많이 우거져 있어서 앤과 큐는 내려가는 데 매우 애를 먹었다.

"차 주위에는 사람이 전혀 없어. 일단 차 안에서 퉁겨져 나오지는 않은 것 같아. 그러면 차량 안에 사람이 있다는 건데……."

두 사람은 하천에까지 다 내려와서야 차량에 접근할 수 있었다. 차량은 언덕을 구르면서 여기저기 부딪친 통에 심하게 찌그러진 상태였다.

조심스럽게 차량 안을 살피던 앤과 큐가 머리를 흔들었다. 아무리 보아도 사람의 흔적이라고는 전혀 없었다. 예상과 전혀 다른 상황이었다.

"유류품이라도 발견되어야 할 텐데……. 참 이상하네."

"혹시 신고한 사람이 구조를 하고……. 아, 아니지! 그 사람은 바빠서 그냥 간다고 했잖아. 그렇다면 사고를 낸 차량이 사람만 옮겨 놓고 신고를 한 것은 아닐까?"

앤과 큐가 여러 가능성에 대해 생각했지만 상황만으로 판단할 수 있는 것은 아무것도 없었다.

"앤! 가장 중요한 건 탑승자의 생사 여부니까 빨리 차량 소유자를 파악하자. 그리고 인근 경찰서에 교통사고 신고가 접수되어 있는지를 알아봐야겠지? 그리고 부상 당해서 병원에 옮겨져 치료를 받고 있을지도 모르니까 인근 병원에도 연락을 해 봐야겠어."

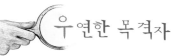

## 우연한 목격자

뺑소니 사고가 났다는 라디오 뉴스를 들은 한 사람으로부터 전화가 왔다. 어제는 별일 아닌 것으로 생각했는데 지금 생각해 보니 사고 주변에 서 있던 차량이 의심스럽다고 했다.

"출장을 갔다 오는 길이었는데 서울 근교의 국도 주변이었습니다. 산으로 난 고갯길을 지나던 길이었어요. 사고가 난 시간하고 비슷한 때에 차량 한 대가 그곳에 서 있는 것을 보았습니다. 어제는 그냥 교통사고가 난 것이라 생각하고 지나쳤는데, 뺑소니 사고라 하니 혹시 그 차량과 관계가 있지 않을까 하여 전화를 드렸습니다. 어두워서 잘 보이지는 않았지만 전조등 불빛으로 보인 것은 파란색 계통의 승용차인 것 같습니다. 어제는 그렇게 대수롭게 보질 않았는데……."

"그 차량의 번호가 기억나십니까?"

"글쎄요. 워낙 빨리 지나가서 번호는 기억이 안 나지만 7이 연속해서 두 번 들어간 것은 확실한 것 같습니다."

통화를 마친 앤과 큐가 불렀다.

"앤! 사고 차량이 누구 것인지부터 알아보자. 그러면 자연스럽게 누가 있었는지를 알 수가 있을 거야."

차적 조회 결과 사고 차량의 소유주는 서울에 사는 최장연이라는 사람으로 밝혀졌고, 인근의 경찰서에는 접수된 교통사고 신고가 전혀 없었던 것도 확인되었다. 따라서 앤과 큐는 이번 사건을 뺑소니 사건으로 판단하고 수사를 진행하기로 하였다.

그러나 인근에 있는 모든 병원에 연락을 해 보았음에도 불구하고 최장연이라는 이름의 환자가 입원했거나 치료를 받았다는 기록은 발견할 수 없었다. 아무리 탑승자를 찾지 못했다 하더라도 부상자가 있었다면 신분증 등에 의해 신원이 밝혀지고 가족에게 연락이 갔을 텐데 아무런 단서도 없다는 것이 이상하게 여겨졌다.

앤과 큐는 최장연 씨의 가족에게 전화를 하여 차량이 발견되었음을 알렸다. 가족들의 말에 따르면 그는 회사에서 가까운 곳에 다녀온다며 집을 나섰는데 그 후로 아무런 연락이 없었다고 했다. 가족들은 애타게 그를 찾고 있던 중이었다.

"차량은 있는데 사람이 없다니 참 이해할 수 없네. 탑승자를 찾아야 수사의 방향을 정하든지 사건을 해결하든지 할 텐데······."

"할 수 없지. 일단은 사고 지점을 중심으로 좀 더 자세하게 살펴야 할 것 같아."

**앤**과 **큐**는 사고차량이 있는 지점을 중심으로 다시 수색을 시작했다.

"**큐**, 이것 좀 봐. 아까는 무심코 지나쳤는데 뭔가 끌린 자국 같은 것이 보여."

"그렇게 보니 그런 것 같기도 하네. 그런데 하천 쪽으로 이어진 이 자국은 무엇에 의한 걸까?"

"여기 신발 자국도 있어."

차량에서 약 5미터 떨어진 하천으로 가는 곳에는 여러 개의 신발 자국이 나 있었다. 최근에 비가 많이 와서 땅이 마르지 않았기 때문에 하천 쪽으로 이어진 신발 자국은 매우 선명하게 남아 있는 상태였다.

"**큐**, 혹시 네 신발 자국 아냐?"

"아니야. 어쩌면 용의자의 것일지도 모르니 이 신발 자국을 실사(같은 크기로 복사를 하는 것)하는 것이 좋을 것 같아."

"알았어. 뭔가에 끌린 것 같은 흔적도 잘 기록해 둬야겠어."

**앤**과 **큐**는 신발 자국을 실사하고 현장에 대한 기록을 마친 뒤 하천 가장자리로 이동하여 탑승자를 찾았다. 하지만 어디에서도 탑승자는 보이지 않았다.

"**큐**, 아무래도 물에 떠내려간 게 아닐까 싶어."

"하지만 여기까지 탑승자가 퉁겨져 나와 물에 빠졌을 가능성은 전혀 없어. 거리상으로 볼 때 불가능해."

"그럼 누군가 옮겼다는 건가? 그렇다면 사고를 당한 사람을 왜 이쪽으로 옮겼을까?"

"글쎄? 혹시 사고를 저지른 사람이 내려와서 사람을 찾다가 보이지 않으니 그냥 돌아간 것일 수도 있지 않을까?"

"어쨌든 탑승자가 물에 떠내려갔을 수도 있으니까 하천변을 조사해 봐야겠어."

앤과 큐는 하천 주변을 따라 내려가면서 시신이라도 있는지를 살폈다. 그러나 한참을 내려가도 실종자를 발견할 수 없었다.

"아주 멀리 떠내려간 것은 아닐까?"

앤과 큐가 현장 감식을 하고 있는 사이에 최장연 씨의 가족이 와서 현장의 차량을 확인하고 울기 시작했다.

"애 아빠는 어디 있나요?"

최장연 씨의 부인으로 보이는 여인이 앤에게 물었다.

"저희도 차 안을 살폈는데 탑승자가 없어서 지금 찾고 있습니다."

"저희도 같이 찾아보겠습니다."

"네. 감사합니다."

최장연 씨의 가족들도 풀을 헤쳐 가며 실종자를 찾았다. 한참 시간이 지난 후 가족 중 한 명이 앤과 큐를 불렀다. 사고 지점으로부터 약 1킬로미터 정도 내려온 지점의 나뭇가지에 걸려 있는 탑승자의 시신을 발견한 것이다.

"수사관님, 여기 있습니다."

'대체 왜 이 사람이 물에 빠졌을까?'

앤과 큐의 뇌리에는 풀리지 않는 의문이 가득 찼다.

시신을 인양하여 살펴보니 생전의 모습을 알아보지 못할 정도로 상처가 심했다. 소지품 등을 검사한 결과 안쪽 호주머니에서 지갑이 발견되었고 지갑 안의 신분증, 카드 등은 그대로 있었다. 신분증을 확인한 결과 시신은 최장연 씨가 확실하였다. 가족들도 옷과 신체적 특징 등으로 보아 분명히 최장연 씨가 맞다며 확인을 해 주었다. **앤**과 **큐**는 사망자의 정확한 사인을 가리기 위해 시신을 국립과학수사연구소로 보내 부검을 의뢰하기로 하였다. 사고차량 역시 정확한 교통사고 원인을 밝히기 위해 견인되어 시신과 함께 국립과학수사연구소로 보내졌다.

## 뺑소니 차량 찾기

현장에는 교통사고 전문가인 장 박사도 와서 사고 도로 등에 대한 정밀 감정을 실시하였다. 사고 현장을 살피던 장 박사가 현장에 대한 설명을 하였다.

"스키드마크가 도로 끝 쪽으로 나 있는 것을 발견했습니다. 이것은 사고 차량은 정상적으로 진행을 하고 있었지만 반대 차로의 차량이 중앙선을 넘어왔다는 것을 뜻합니다. 이 차량은 길이 굽어 있는 것을 뒤늦게 발견하여 급히 핸들을 꺾다가 언덕 아래로 구른 것 같습니다."

"그러면 그 부딪친 부분의 페인트를 분석하면 가해 차량의 종류를 알 수 있겠군요?"

"물론이지요. 잘 알고 계시는군요. **앤** 수사관님."

"저번에도 할머니를 치고 달아난 뺑소니 사건이 있었거든요. 그때는 깨진 전조등을 조사하여 가해 차량을 찾았고, 나중에는 할머니 시계에 묻은 페인트를 분석해서 가해 차량의 페인트와 일치하는 것을 확인했지요."

"아! 그랬었지요. 어쨌든 이번 피해 차량의 뒷부분에는 가해차량의 흔적이 남아 있을 테니, 그것으로 가해차량도 찾을 수 있을 것으로 생각됩니다. 그리고 나중에 현장 조사 결과를 입력해서 교통사고 당시의 상황을 시뮬레이션하면 사실 여부를 알 수 있을 것입니다. 좀 더 정밀하게 조사한 다음에 모든 것을 판단하도록 하겠습니다. 현재로는 대략적인 상황만을 말씀드릴 수 있습니다. 그럼 저와 함께 저 밑으로 내려가 사고차량을 다시 살펴보시지요."

장 박사는 두 사람과 함께 사고차량으로 다가갔다.

"제가 살펴본 바 차량의 손상은 대부분 언덕을 구르면서 형성된 것으로 보입니다."

"박사님, 그러면 운전 부주의로 인한 단독 교통사고는 아니겠군요."

장 박사가 차량의 뒷부분을 가리키며 큐의 질문에 대답했다.

"네, 물론이지요. 차량의 뒤를 보세요. 아까 말씀드린 대로 다른 색깔의 페인트가 긁고 지나간 흔적이 있어요."

장 박사의 설명을 들으니 이 교통사고는 단순한 교통사고가 아니라는 사실이 좀 더 분명해졌다. 현장 도로의 상황으로 보아서 가해 차량은 중앙선을 넘어서 진행하였고, 피해 차량은 이를 피하기 위해 급히 핸들을 틀었다가 사고를 당한 것으로 잠정적인 결론을 내릴 수 있었다. 이제는 뺑소니 차량만 찾으면 된다!

"앤, 지난번에 할머니를 치고 도망간 뺑소니 사건 말이야. 그때 충돌한 차량에서 떨어진 부속품들을 조사해서 가해차량을 찾아낸 것 기억해? 이번에도 분명히 그런 흔적이 있을 거야."

앤과 큐는 사고 현장을 중심으로 가해차량에 관한 단서가 될 만한 것들이 있는지 살폈다. 하지만 사고 현장에는 차량의 파편으로 보이는 것이 전혀 없었다.

"큐, 아무래도 국과수의 결과가 나와 봐야 가해차량의 범위를 좁힐 수 있을 것 같아. 그동안 신고자의 진술을 좀 더 자세히 들어 보고 그 사람이 말한 차량 번호가 들어간 차량의 목록을 모두 뽑아서 봐야겠어."

## 새빨간 거짓말

앤과 큐는 신고자의 말대로 차량 번호에 7이 연속해서 두 번 들어간 차량을 모두 검색했다. 검색 결과 꽤 많은 차들이 그에 해당하는 번호를 가지고 있었지만, 앤과 큐는 꼼꼼히 사건과의 관련성 여부를 조사했다. 그럼에도 불구하고 모든 차량에 대해 사건과의 관련성을 수사한다는 것은 매우 어려웠다. 또 대부분의 차량 소유자들이 수사에 비협조적이었다. 가해 차량의 범위를 좁히는 것도 시급했다. 두 사람은 피해 차량에 묻은 페인트의 종류를 분석하여 가해 차량의 차종을 알아보기로 했다.

### 차의 종류마다 페인트 종류가 다르다?

같은 색깔의 차량이라도 제조사 및 차종과 연식에 따라 페인트는 조금씩 다르다. 따라서 사고 시 차량에 묻은 미량의 페인트를 분석하면 차량의 색깔, 제조사, 제조연도 등의 정보를 얻을 수 있어 뺑소니 사고 등에서 가해 차량의 종류를 확인하는 데 중요한 단서가 된다.

피해 차량의 감정 결과 차 뒷부분에 묻은 페인트는 W사의 T 차종으로,

2003년에 생산된 차량임이 확인되었다. 이 단서로 가해 차량을 찾아내는 것은 더욱 쉬워졌다.

앤과 큐는 차량 번호에 77이 들어간 2003년산 W사의 J 차종 소유주들도 검색하기 시작했다. 검색 결과 전국에서 3명이 같은 차종에 같은 색깔로 77이 연속으로 들어간 차를 소유하고 있었고, 이 가운데 서울 및 사고 현장 인근에 거주하는 사람은 단 한 명, 최형만이라는 이름의 사람이었다.

앤과 큐는 수사를 위해 최형만 씨를 소환하였다.

"며칠 전 전곡에서 의정부로 가는 도로를 지나간 적이 있지요?"

"아니요. 전 그곳을 지나간 적이 없습니다. 그 길은 잘 모르는 길입니다."

"그쪽으로 가는 길에서 자동차가 언덕으로 굴러 떨어진 사고가 일어났는데 목격하셨습니까?"

"아니요. 그쪽으로 지나가지도 않은 사람한테 왜 이런 식으로 다그치는 겁니까?"

"아, 마침 차량을 가지고 오셨군요. 차량 번호를 보니 7이 연속해서 두 번 들어가 있네요. 다른 사람이 외우기 쉽겠습니다."

계속 무엇인가를 알고 던지는 것 같은 큐의 질문에 최형만 씨의 얼굴에는 당황하는 기색이 역력했다.

"제가 좀 더 얘기를 할까요, 아니면 사실을 말하시겠습니까?"

큐는 계속해서 최형만 씨를 압박하며 자백을 유도하였다. 그리고 그의 차량에서 부딪친 것으로 추정되는 곳을 유심히 살폈다.

"이쪽이 다른 곳하고 색깔이 다른데 최근에 수리를 하셨나요?"

"아, 아닙니다. 꽤 오래 전에 수리한 것입니다."

"최형만 씨, 이제 거짓말은 그만하시죠. 거짓말 탐지 검사라도 해야 할 것 같군요. 그 사고 차량에 당신 차량의 페인트와 동일한 페인트가 묻어 있었어요. 그리고 지나가던 차량이 당신의 차량 번호를 기억하고 있었어요."

"페인트가 제 차의 것이라는 증거가 어디 있습니까? 그리고 신고한 사람이 번호를 잘못 기억할 수도 있는 것 아닙니까? 하여튼 저는 그 길로 간 적이 없습니다."

"구체적인 증거를 말씀드려도 계속 변명만 하시는군요."

참을성 있게 최형만 씨의 거짓말 같은 이야기를 듣고 있던 **앤**도 용의자를 압박하기 시작했다.

"페인트 성분을 분석하면 연도별로 생산된 차와 차종 등을 알 수 있어요. 그리고 신고자가 정확하게 기억하는, 7이 연속해서 두 번 들어가는 차량은 이 차밖에 없습니다. 앞부분의 수리는 최근에 이루어진 것이고요."

**큐**가 **앤**의 말에 덧붙여 쐐기를 박듯이 단호하게 말했다.

"그리고 더 중요한 것이 있습니다. 당신은 이미 음주운전으로 면허를 취소당해서 아직 운전을 할 수 없는데 어떻게 여기까지 운전을 하고 오셨는지요? 엄청나게 용감하시군요. 아니면 아무 생각이 없으셨던 건가요? 일단은 무면허 운전으로 체포하겠습니다."

최형만 씨는 얼굴이 뻘개지면서 매우 불안해했다. 그러다가 도저히 더 이상 버틸 수 없다고 생각했는지 더듬더듬 말을 이어 갔다.

"사, 사실은 그것 때문에 어쩔 수 없이……."

"어쩔 수 없이 아무런 조치도 취하지 않고 뺑소니를 쳤단 말입니까?"

"네, 그렇습니다. 사실대로 말씀드리겠습니다. 그때는 다른 생각을 하며 운전을 하던 중이어서 제가 중앙선을 넘었다는 것도 몰랐습니다. 그런데 갑자기 불빛이 눈 안으로 들어와 순간적으로 핸들을 돌렸습니다. 그 차도 제 차를 갑자기 발견하고 핸들을 돌린 것 같은데 순식간에 언덕으로 굴러 떨어지더군요. 처음에 저는 차에서 내려 사람을 구하려다가 제가 무면허라는 것이 생각났고, 그래서 두려운 나머지 바로 올라와서 차를 몰고 도망친 것입니다."

"또 거짓말을 하시는군요. 사람을 구호하지도 않고 뺑소니를 쳤으면서 왜 계속 거짓말로 일관하십니까? 그러면 피해자는 부상 당한 상태에서 하천으로 걸어가서 죽었다는 것입니까? 과학은 모든 것을 밝혀 줍니다. 일단 신발을 좀 벗어 주시겠습니까?"

계속되는 최형만 씨의 발뺌에 큐는 잔뜩 화가 난 목소리로 말했다.

"아니, 신발은 왜요?"

"신발 크기가 어떻게 됩니까?"

"네? 265mm 신는데요."

"자, 그럼 이 사진하고 비교를 해 볼까요?"

큐는 사건 현장에서 실사를 한 발자국을 꺼내 최형만 씨의 신발과 비교하였다.

"여기 보세요. 어쩌면 이렇게 똑같을까요?"

"네? 그게 뭡니까?"

"이게 현장에서 발견된 발자국이에요."

"그, 그것은 제가 내려갔다가 피해자가 없어서 그냥 돌아가면서 남긴 것 같습니다."

### 발자국도 증거가 될 수 있을까?

신발의 바닥 모양은 제조사 및 상품에 따라 다양하고 또한 사람에 따라 크기에 차이가 있어 사건 현장에 범인이 있었는지를 확인할 수 있는 좋은 증거물이 된다.

"정말 도저히 안 되겠군요, 최형만 씨. 조금 전에는 '차에서 내려 사람을 구하려다가 무면허라는 것이 생각났고, 그래서 두려운 나머지 바로 올라와서 차를 몰고 도망친 것입니다' 라고 하셨지 않습니까? 계속 거짓말만 되풀이하는군요. 그렇다면 자, 이 사진을 좀 보시겠습니까?"

"그냥 땅 아닙니까?"

"차량이 있던 곳의 사진입니다. 그 옆으로는 하천이 있지요. 자세히 보시면 그곳까지 무엇인가 끌고 간 흔적이 보이지요? 이것은 무엇을 말하는 것일까요?"

큐가 현장 감식 당시 찍어 놓은 사진을 최형만 씨에게 보여 주며 물었다. 용의자는 그제야 고개를 숙이며 범행을 자백하기 시작했다.

"사실…… 내려갔는데 이미 운전자는 죽어 있었습니다. 제가 무면허로 사람까지 죽게 했다는 공포감이 온몸을 감돌았습니다. 그리고 그 순간을 인정하기 싫었습니다. 무서웠습니다."

"그래서 시신을 유기하셨나요?"

"네, 감추고 싶었던 것 같습니다. 제가 왜 그랬는지 지금도 도무지 모르겠습니다. 너무 후회가 됩니다. 그때 바로 신고를 하고 운전자를 빨리 옮겼어야 했는데요. 아무리 사고를 냈다고 해도 그건 아니었던 것 같습니다. 제가 제정신이 아니었습니다."

교통사고 분석 결과도 가해자의 진술 내용과 일치하였다. 교통사고 분석 프로그램을 통하여 여러 자료를 입력하고 시뮬레이션을 해 본 결과 현장 상황 또는 자동차의 충격 부위와 도로의 스키드마크 등이 진술 내용과 들어맞는 것으로 나타난 것이다.

# 플랑크톤 감정 결과

부검 결과도 통보되었다. 시신에서는 온몸에 멍이 든 상처가 관찰되어 사고 당시의 참혹함을 말해 주는 듯했다. 사망자가 술을 마시고 운전했는지 여부를 판단하기 위해 혈중 알코올 농도를 측정했지만 알코올은 전혀 검출되지 않았다.

며칠 후 플랑크톤 감정 결과도 **앤**과 **큐**에게 전달되었다. 그런데 뜻밖에도 시신의 각 장기에서 플랑크톤이 검출되었다고 적혀 있었다.

"**큐**, 각 장기에서 플랑크톤이 검출되었다는 것은 뭘 뜻하는 거지?"

"어, 그래? 플랑크톤은 익사자의 장기에서 검출되는 것인데……."

"그러면 사망자가 사고 이후에도 살아 있었다는 거네? 하지만 용의자는 최장연 씨를 발견했을 당시 이미 숨져 있었다고 했잖아."

"그럼 부상당한 사람을 산 채로 물 속에 넣었다는 건가? 너무 잔인하군. 설마 그렇게 했을 리가 있으려고. 그 상황에서 그런 것까지 생각할 수 있었을까?"

"글쎄. 아무래도 고 박사님께 자세한 것을 여쭤 봐야겠어."

**앤**은 플랑크톤 감정 결과를 통보해 온 고 박사에게 전화를 걸었다.

"박사님. 교통사고로 의식을 완전히 잃은 상태에서 물에 들어갔을 때에도 플랑크톤이 검출되나요? 용의자의 진술에 의하면 최장연 씨는 교통사고로 상처를 입고 이미 사망한 상태였다고 하는데요."

"아마 그 사람은 최장연 씨가 사망한 것으로 착각한 것 같군요. 플랑크톤이 검출된 것으로 보아 최장연 씨는 의식만 잃고 있었던 것 같습니다. 일찍 응급치료를 했으면 소생할 수도 있었을 텐데 안타깝습니다."

"그런데 박사님, 플랑크톤이 어떻게 장기에까지 들어갈 수 있는 건가요?"

"물에는 수없이 많은 종류의 플랑크톤이 살고 있습니다. 먹이 사슬 중에서 가장 낮은 곳에 있는 플랑크톤은 작은 물고기들의 주 먹이이기도 하고, 생태계에서 없어서는 안 되는 생물이지요. 플랑크톤은 눈에 보이지 않을 정도로 작지만 우리가 다량의 물을 마시면 폐포(허파 꽈리)를 통해서 혈류를 타고 조직으로 침투하여 각 장기로 들어가게 됩니다. 그래서 익사한 경우 시신의 각 장기에서 플랑크톤이 검출되는 것입니다."

"아, 그렇군요. 그러면 최장연 씨는 그때까지 살아 있었다는 것이네요?"

"네, 그렇지요. 그래서 플랑크톤의 검출 여부는 자살과 타살을 구별하는 중요한 지표가 되기도 합니다."

### 장기 속 플랑크톤은 무엇을 말하는 걸까?

하천, 호수 등 물에서 일어난 사망 사건의 경우 사망자가 단순 익사한 것인지 아니면 타살을 당한 것인지의 여부가 수사의 방향을 결정하는 데 매우 중요하다.

물에는 수없이 많은 플랑크톤이 존재하는데 사람이 물에 빠지면 호흡기를 통해 물을 마시게 되고, 이 물은 폐포로 가장 먼저 유입된다. 유입된 물 중의 플랑크톤은 폐포를 지나 혈류를 타고 온몸을 돌아 각 장기에 들어간다. 따라서 익사한 경우 폐장은 물론 간장, 심장, 신장, 비장에서 플랑크톤이 검출된다. 익사 여부는 플랑크톤 중 강산에도 용해되지 않는 규조류를 대표적으로 검출하여 판단한다. 플랑크톤이 검출되면 익사한 것으로 판단할 수 있고, 플랑크톤이 검출되지 않으면 물에 빠지기 이전에 사망자가 이미 절망한 상태, 즉 누군가에 의해 죽임을 당한 후 물 속에 유기되었음을 뜻한다.

앤과 큐는 다시 최형만 씨를 소환하여 조사하기 시작했다.

"최형만 씨. 국과수로부터 플랑크톤 감정 결과가 왔습니다. 폐장, 심장,

신장, 간장 등에서 플랑크톤이 검출되었다는군요."

"네? 그게 무슨 뜻입니까?"

"최장연 씨는 차량 충돌 이후에도 살아 있었다는 것입니다."

"네?"

"당신은 무면허 교통사고를 내고, 당연한 의무인 피해자의 응급 치료도 하지 않았으며, 그것도 모자라 살인까지 한 것입니다."

범인은 얼굴을 감싸며 후회를 했지만 이미 씻을 수 없는 엄청난 죄를 짓고 난 후였다. 순간의 잘못된 생각 때문에 그는 살릴 수 있었던 생명을 죽이고, 본인에게는 평생 남을 수밖에 없는 오점을 남기고 말았다.

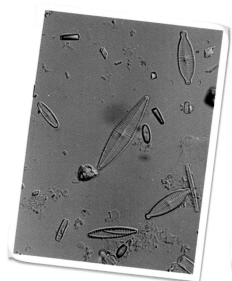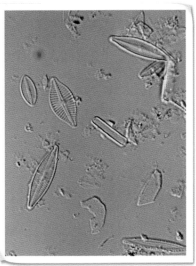

장기에서 검출된 플랑크톤

## 부패가 심한 시신도 부검이 가능할까?

시신이 부패한 경우에도 당연히 부검은 실시된다. 사망 원인과 범죄의 관련성 등을 확인하기 위해서는 필연적으로 부검을 해야 하기 때문이다. 부패가 진행되었다 해도 여러 법의학적 판단이 가능하다. 즉, 비록 부패는 진행됐지만 피부 및 내부 장기의 손상 유무에 의한 사망 원인 등을 판단할 수 있으며 부검 시 채취하는 장기 및 적출물 등에서 독극물 검출 여부, 플랑크톤 검출 여부 등 다양한 실험을 실행할 수 있다.

## 익사한 시신에는 어떤 특징이 나타날까?

익사는 기도 내에 공기 대신 액체가 흡인되어 야기되는 질식사를 말한다. 종류로는 물 흡입성 익사와 건성 익사가 있다. 물 흡입성 익사는 액체를 흡입하여 질식사한 것으로, 대부분의 익사가 여기에 해당한다. 반면에 물 흡입 없이 수중에서 사망한 경우는 건성 익사라 하는데, 이는 수중 쇼크사라고도 하며 혈액순환장애 또는 생리적 원인 등에 의해 발생한다.

익사 판단은 여러 방법으로 이루어지고 있지만 시신에서 나타나는 특징을 관찰하는 것과 장기 등의 분석에 의한 것 등으로 나뉠 수 있다. 시신에 외관적으로 나타나는 특징으로는 비공 및 구강에 생기는 백색포말(익수가 기관지 점막을 자극한 결과), 흉부 팽대, 선홍색 시반 등이 있다.

물에 빠진 사람

부검 내부 소견으로는 폐가 팽창되어 좌폐와 우폐의 안쪽이 접할 정도로 팽대되는 익사폐 현상 등이 나타난다.

익사와 타살을 구별하는 것은 법의학에서 매우 중요한 것 중의 하나로, 가장 확실한 방법은 플랑크톤 검출 여부를 실험하는 것이다. 몇 년 전 인천에서 초등학생이 유괴되어 살해된 후 물 속에 유기된 채 발견된 사건이 있었다. 범인은 이웃집에 사는 사람으로 시신이 발견된 후 검거되었다. 범인은 자신의 범행이 탄로날 것이 두려워 초등학생을 목 졸라 살해한 후 저수지에 유기하였다고 했다. 하지만 시신 부검 결과 각 장기에서 플랑크톤이 검출됨으로써 범인은 살아 있는 상태였던 초등학생을 저수지에 유기하였음이 밝혀졌다. 이렇듯 사건 수사에서 익사와 타살의 판단은 사건을 명확하게 규명하는 데 매우 중요한 역할을 한다.

한국의 CSI 국과수 박사님의 범인 잡는 과학 이야기

## 과학이 밝히는 범죄의 재구성 1

| 펴낸날 | 초판 1쇄 2008년 2월 25일 |
| --- | --- |
| | 초판 14쇄 2023년 8월 3일 |

| 지은이 | **박기원** |
| --- | --- |
| 그린이 | **아메바피쉬** |
| 펴낸이 | **심만수** |
| 펴낸곳 | **(주)살림출판사** |
| 출판등록 | 1989년 11월 1일 제9-210호 |

| 주소 | **경기도 파주시 광인사길 30** |
| --- | --- |
| 전화 | **031)955-1350  팩스  031)624-1356** |
| 홈페이지 | http://www.sallimbooks.com |
| 이메일 | book@sallimbooks.com |

| ISBN | 978-89-522-0804-0  04400 |
| --- | --- |
| | 978-89-522-2676-1  04400 (세트) |

**살림Friends는 (주)살림출판사의 청소년 브랜드입니다.**

※ 값은 뒤표지에 있습니다.
※ 잘못 만들어진 책은 구입하신 서점에서 바꾸어 드립니다.